知識ゼロでもわかる統計学

誤差は必然か、偶然か？

分散分析超入門

前野 昌弘 [著]

技術評論社

まえがき

―むずかしい統計学からやさしい統計学へ―

「統計」といえば、過去のデータを単に整理するだけの方法だと考えておられる方が案外多いようです。しかし、現在の統計は、データを出す前に統計処理ができるように計画を立てて資料を集め、未来を予測する数学の分野（推測統計学、略して推計学）といえます。

統計学に関心を持ち、その必要性を感じている方々が書店や図書館で統計数学の本を開いたときに目にするのは、専門用語による理論の説明や数式の羅列による難解な記述ばかりで、思わず尻ごみする人も多いことでしょう。このような表現方法は、数学者にとってはそのほうが簡潔で理解しやすいからです。しかし、統計学の必要性を感じておられる方々の大部分は、統計学の専門家を目指しているわけではありません。本書は、統計学の世界でのみ通用する言葉や文字を、私たちが日常使っている言葉に置き換えて解説するように工夫しました。ただし、どうしても統計の基本的な考え方を理解するうえで必要な言葉（用語）は、必要最小限で使用しています。できるだけやさしく、懇切な説明を心がけましたので、本書が統計数学アレルギーの方にとって、よき治療薬になれば幸いです。

最後になりましたが、このような出版の機会を与えていただいた技術評論社のご厚情に感謝するとともに、本書をまとめるにあたり、企画・編集・校正・装丁に至るまで、貴重なアイディアとご教示を賜った同社編集部の成田恭実さんに対し、心から御礼申し上げます。

また、本書をまとめるにあたり、多くの貴重な文献（巻末に記載）を参考にしました。これらの著者の方々にも厚く御礼申し上げます。

2011年初夏

前野昌弘

知識ゼロでもわかる統計学
『誤差は必然か、偶然か？
　　　　分散分析超入門』
目　次

まえがき　3

キャラクター紹介　7

第1章
検定の復習
（母平均の検定、適合度の検定など）　9

- 1-1　検定の判断基準　10
- 1-2　第一種の誤りと第二種の誤り　24
- 1-3　異常値の検定　29
- Column　視聴率の出し方　36

第2章
バラツキを解析する　37

- 2-1　分散分析の原理　38

2-2 繰り返して実験が行われた場合の分散分析　56

第3章

2要因の効果を検証する
―二元配置の分散分析―　77

- **3-1** 繰り返しのない二元配置の分散分析　78
- **3-2** 有意水準と信頼区間　91
- **3-3** 因子間の相乗効果　104
- Column　歪度と尖度　120

第4章

3要因の効果を検証する
―三元配置の分散分析―　123

- **4-1** 因子の水準間組み合わせ　124
- **4-2** 交互作用の解釈　136
- **4-3** 実験データをマトリックスにする　144
- Column　要素が多くなったら便利な記号　151

正規分布表　152

カイ2乗分布表　153

F分布表（上側確率0.05）　154

F分布表（上側確率0.01）　155

t分布表　156

参考文献　157

索引　158

著者プロフィール　160

キャラクター紹介

アリマ先生

アルマジロ。哺乳類。
統計学のことならなんでも知っていて、統計学の生き字引と言われている。
データを変幻自在に操り、統計学の質問にならなんでもこたえてくれるので、慕われている。
ときどきおっちょこちょいなところも見せる。

ねこすけ

ねこ。
最近新聞やテレビを見るようになり、数字、データ、統計に関心を持ち始め、いろいろなことに興味津々。
アリマ先生を慕い、弟子入りする。

アーミー

ミーアキャット。
ねこすけの友達。ねこすけに連れられ、アリマ先生のところに顔を出すもののいまいち統計にはなじめることができていない。

第  章

検定の復習
（母平均の検定、適合度の検定など）

- **1-1** 検定の判断基準
- **1-2** 第一種の誤りと第二種の誤り
- **1-3** 異常値の検定

# 検定の判断基準

さあ、どうぞ！

分散分析は検定の1つです。第1章では検定についておさらいしておきましょう。実験や調査を行って集められた資料をもとに、ある仮説が正しいかどうかを統計的に判断する手法が「検定」です。"ある仮定のもとで起こりにくいことが起きたときにはその仮定を棄てる"という考え方をしましたね。

「検定」は、あくまでも確率的判断なので、判断がいつでも正しいわけではありません。つまり、誤りはつきものなのです。その種類と可能性を調べてみましょう。

1）仮説の設定

母集団のある特性について、何らかの予測H_1を得たとします。このとき、この予測を「**対立仮説**」といいます。これが今後の作業で正しいことを説得したい仮説です。次に、仮説H_1を否定した仮説H_0を立てます。この仮説を**帰無仮説**といいます。これは、"無に帰したい"、つまり捨ててしまいたい仮説という意味です。

2）仮説を判断する

対象となる統計量が、どんな確率分布に従うかを調べ、その統計量が分布上のどんな範囲に入ったときに、帰無仮説H_0を捨てるのかをあらかじめ決めておきます。つまり、「**棄却域**」を設定します。棄却域の起こる確率αは、通常0.05か0.01を採用します。なお、対立仮説との関係で、棄却域は、帰無仮説での分布の片側か両側のいずれかに設定します。

1 対立仮説と帰無仮説

　統計的検定では、帰無仮説と対立仮説の2つの仮説を立てて検討していきます。たとえば、「日本人男性の平均身長は170cmである」という帰無仮説を立てた場合、対立の立て方には次の3パターンがあります。対立仮説の立て方によって、帰無仮説の棄却域をどのように設定すればよいかが決まります。

　危険率5%を設定した場合、次の①〜③が考えられます。
①両側に2.5%ずつ棄却域をとる必要がある。（**両側検定**）
②分布の右側（170cmより高い部分）から5%の棄却域をとる。（**片側検定**）
③分布の左側（170cmよい低い部分）から5%の棄却域をとる。（片側検定）

図1-1　対立仮説3パターン

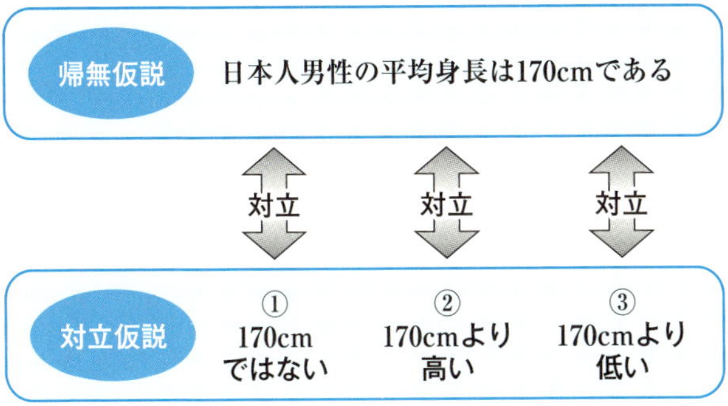

❷ 棄却域と危険率

　ここに1個のサイコロがあるとしましょう。このサイコロを6回振ったところ、1の目が4回も出たらどうでしょうか。正常なサイコロでは、6回振って、4回以上1の目が出る確率は0.0087で、1%にも満たない値です。したがって、6回振って4回以上1の目が出るということは、「サイコロは正常だ」という前提のもとでは、非常に起こりにくいといえます。このとき、「起こりにくいことがたまたま起きた」とするよりも、「この前提（仮説）は誤りだ」として棄てたほうが無難であることがわかります。しかし、サイコロが正常な場合でも、0.0087の確率で6回振って4回以上1の目が出るわけなので、「正常なのに、ダメなサイコロと判断ミス」する確率は0.0087だけ残ることになります。この確率を「**危険率**」または「**有意水準**」といい、4回以上1の目が出る部分を危険率0.0087に対する「**棄却域**」と呼びます。

> ポイント　ある前提（仮説）のもとで起こりにくいことが起きたら、その前提（仮説）を棄てる。このとき、起こりにくい範囲を「棄却域」といい、万一起きる確率のことを「危険率（有意水準）」という。

　実験や標本調査の結果、統計量Xの実現値が棄却域に入らなければ、帰無仮説のもとで、起こりにくいことが起きたとは考えられません。したがって、帰無仮説は棄却できません。このことを「帰無仮説を採択する」といいます。「**採択する**」の意味は、"棄てるほどの積極的理由は見出せない"ということで、積極的に「帰無仮説が正しい」と認めたわけではないことに注意しておきましょう。

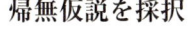

図1-2 帰無仮説の棄却と採択

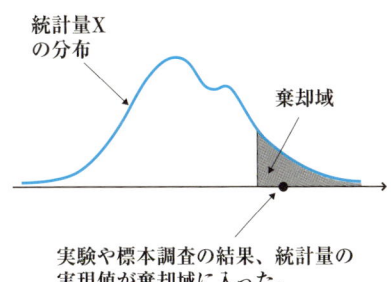
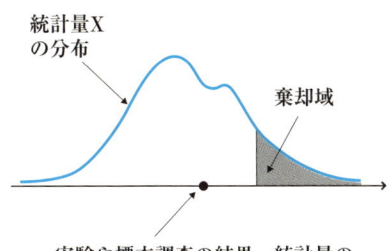

❸ 棄却域の設定

　先に述べたように、棄却域は、対立仮説との関係で、帰無仮説での分布の片側か両側のいずれかに設定します。右側検定、左側検定、両側検定についてまとめておきましょう。

（ア）右側検定：対立仮説「考えている統計量が λ より大」
　　　　　　　　帰無仮説「考えている統計量が λ に等しい」

図1-3　右側検定

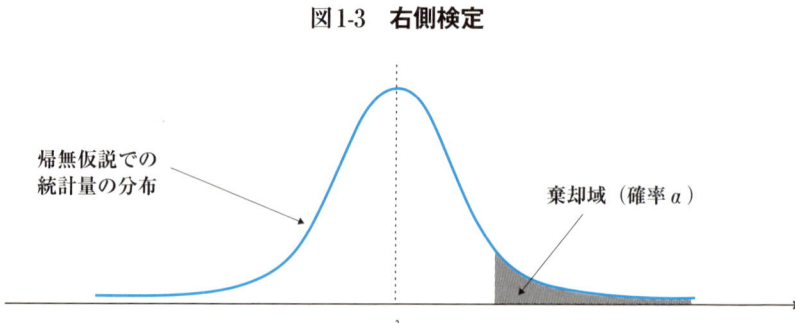

（イ）左側検定：対立仮説「考えている統計量が λ より小」
　　　　　　　　帰無仮説「考えている統計量が λ に等しい」

図1-4　左側検定

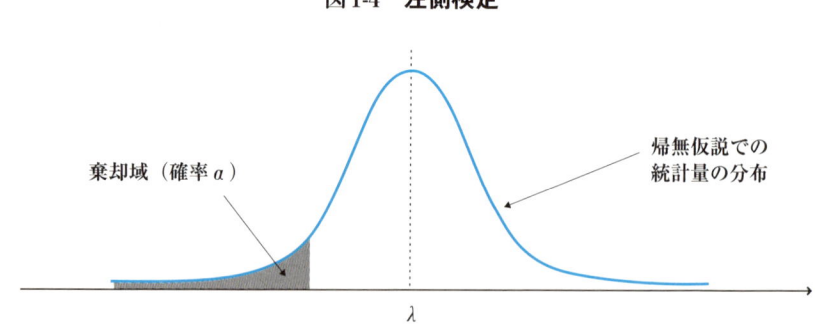

（ウ）両側検定：対立仮説「考えている統計量が λ に等しくない」
　　　　　　　　帰無仮説「考えている統計量が λ に等しい」

図1-5　両側検定

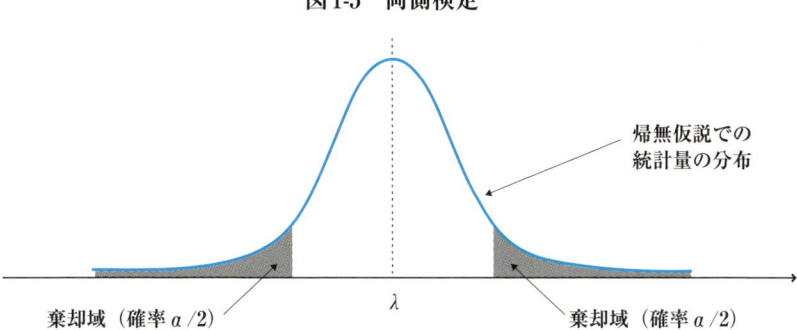

図1-6　仮説が正しいか判断する手法

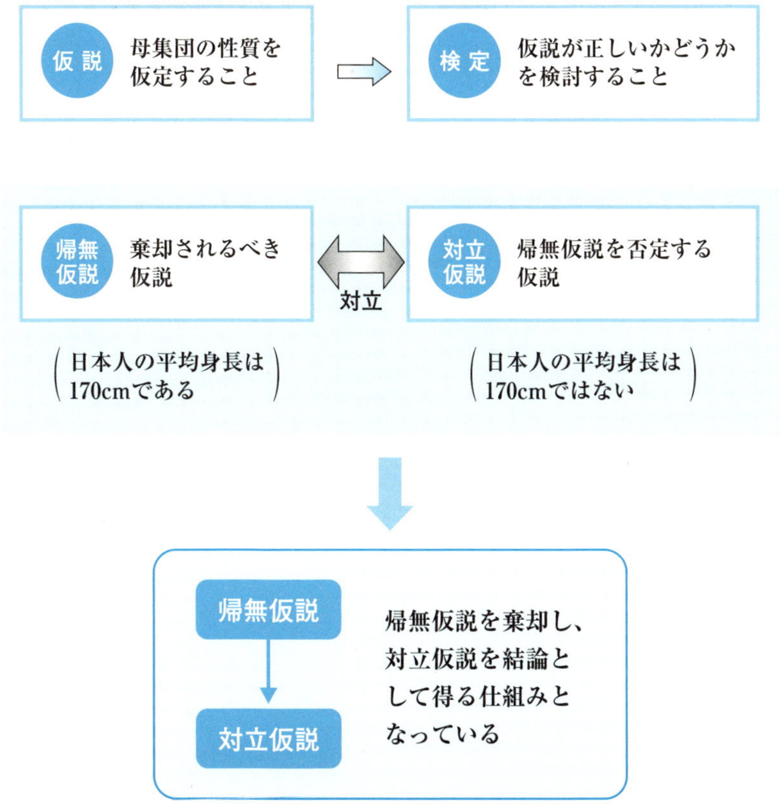

| 仮説 | 母集団の性質を仮定すること | ⇒ | 検定 | 仮説が正しいかどうかを検討すること |

| 帰無仮説 | 棄却されるべき仮説 | ⇔ 対立 | 対立仮説 | 帰無仮説を否定する仮説 |

（日本人の平均身長は170cmである）　　（日本人の平均身長は170cmではない）

帰無仮説 → 対立仮説　　帰無仮説を棄却し、対立仮説を結論として得る仕組みとなっている

図1-7　危険率5%での検定

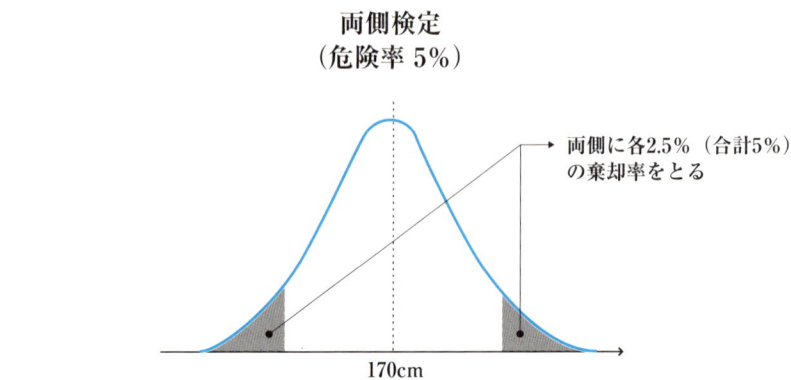

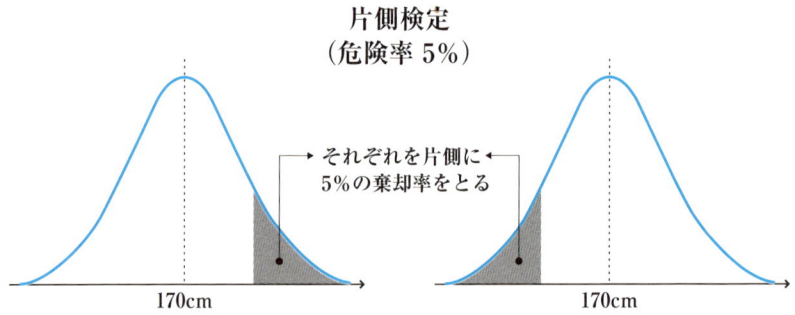

練習問題1

母平均の検定

　ある工場でシャープペンシルの芯を作っている。そこでは、芯の太さの平均値を0.90mmに保持しないと、シャープペンシルに合わない芯が出るので、母平均が0.90mmでなくなった場合は、機械を止めて調整し直すことにしている。

　母平均が0.90mmかどうかのチェックは、できあがった芯から無作為に100本を抽出し、太さの平均と標準偏差を算出して調べている。

　ある日の平均値は0.92mm、標準偏差は0.07mmだった。機械を止めて調整し直すかどうか、有意水準0.05（5％）で判断しなさい。

[略解]
　帰無仮説：芯の太さの平均値は0.90mmに等しい。
　対立仮説：芯の太さの平均値は0.90mmではない。

標本平均：0.92、母平均：0.90、
標本標準偏差：0.07、標本数：100（本）

これらの値から、

$$検定統計量 = \frac{0.92 - 0.90}{0.07/\sqrt{100}} = 2.857$$

対立仮説より両側検定。検定統計量の分布は標準正規分布に従うので、1.96が5％の両側検定の棄却域の境界値になる。よって、次のように判断できる。

2.857は1.96よりも大きいので、帰無仮説を棄却する。よって有意水準0.05で、芯の直径は0.90mmと異なっている。したがって、機械を止めて調整し直す。

練習問題2

2つの母比率の差の検定

　肺がんの患者30人と非患者60人の喫煙状況を調査したところ、タバコを1日50本以上吸う重喫煙者が患者に12人、非患者に9人いた。肺がんの患者のほうが非患者より重喫煙者の割合が高いといえるだろうか。有意水準0.01（1％）で検定しなさい。

[略解]
帰無仮説：肺がん患者と非患者で、重喫煙者の割合は同じである。
対立仮説：肺がん患者の重喫煙者の割合は、非患者より高い。

患者をA、非患者をBとする。

Aの標本数：30（人）
Bの標本数：60（人）

標本比率A：$12 \div 30 = 0.4$
標本比率B：$9 \div 60 = 0.15$

母比率の差の検定公式より、

$$比率 = \frac{30 \times 0.4 + 60 \times 0.15}{30 + 60} = 0.233$$

$$検定統計量 = \frac{0.4 - 0.15}{\sqrt{0.233 \times (1 - 0.233) \times (1/30 + 1/60)}} = \frac{0.25}{0.095} = 2.64$$

対立仮説より片側検定。有意水準0.01（1％）より、標準正規分布の1％は2.33である。

検定統計量2.64は2.33よりも大きいので、帰無仮説を棄却する。したがって、有意水準0.01で、肺がん患者は非患者より重喫煙者の割合が高いといえる。

母集団がn個のグループに分類されているとき、各グループにおける母集団の比率を検定するのが適合度の検定です。

適合度の検定は、データが度数のときに、カイ2乗分布を使って理論値とのズレ、つまり適合度を検討することです。

適合度の検定

ある大学で学生50人をランダムに選び、支持政党を調査したところ、次のような結果が得られた。この大学の学生は、特定の政党を支持する傾向を持つといえるか、有意水準0.05（5%）で検定しなさい。

表1-1 　　　　　　　　　　　　　　　　　　　　（単位：人）

政党	A	B	C	D	計
支持数	20	15	10	5	50

[略解]

期待度数 = 50 ÷ 4 = 12.5

表1-2 　　　　　　　　　　　　　　　　　　　　（単位：人）

政党	A	B	C	D	計
実測度数	20	15	10	5	50
期待度数	12.5	12.5	12.5	12.5	—

帰無仮説：各政党の支持率は等しい。

対立仮説：各政党の支持率は等しくない。

検定統計量

$$\frac{(20-12.5)^2}{12.5} + \frac{(15-12.5)^2}{12.5} + \frac{(10-12.5)^2}{12.5} + \frac{(5-12.5)^2}{12.5} = 10$$

自由度は4 − 1 = 3なので、有意水準0.05（5%）で**カイ2乗検定**をすると、

7.815となる。検定統計量10よりも小さいので、帰無仮説を棄却する。

つまり、有意水準0.05で、この大学では各政党の支持率は等しくなく、特定の政党を支持する傾向にあると結論づけることができる。

2種類の属性AとBが独立しているかどうかは、次のように検定します。シンプルな2×2分割表の例です。

独立性の検定

ある地方で、470人を無作為抽出して、ある伝染病の予防接種の効果を調査した。その結果は次のとおりであった。予防接種は有効であったといえるか、有意水準0.05 (5%) で検定しなさい。

表1-3 (単位：人)

	罹病	非罹病	計
注射した	3	285	288
注射しない	7	175	182
計	10	460	470

[略解]

仮説：注射の有無と罹病は無関係である。

自由度 $= (2-1) \times (2-1) = 1$

$\chi_1^2(0.05) = 3.84$

検定統計量 $= \dfrac{470 \times (3 \times 175 - 285 \times 7)^2}{288 \times 182 \times 10 \times 460} = 4.21 > 3.84 = \chi_1^2(0.05)$

したがって、仮説は棄却され、予防接種は有効だったといえる。

練習問題5

独立性の検定

開発中のある医薬品を200件の症例についてテストしたところ、次の表のような結果が得られた。この医薬品に効果があったかどうか、有意水準0.05（5％）で検定しなさい。

表1-4　　　　　　　　　　　　　　　　　　　（単位：件）

効果	あり	なし	計
投与	70	20	90
非投与	50	60	110
計	120	80	200

［略解］

帰無仮説：「投与・非投与」と「効果あり・なし」は互いに独立である。

対立仮説：「投与・非投与」と「効果あり・なし」は独立でない。

検定統計量

$$= \frac{200 \times (70 \times 60 - 20 \times 50)^2}{120 \times 80 \times 90 \times 110}$$

$$= 21.55$$

自由度 = （縦の分類の数 − 1）×（横の分類の数 − 1）
　　　 = (2 − 1) × (2 − 1)
　　　 = 1

有意水準0.05、自由度1のカイ2乗値は3.841で、統計量21.55はそれよりも大きいので、帰無仮説は棄却される。すなわち、有意水準0.05で「投

与・非投与」と「効果あり・なし」は独立ではない（関係がある）、この医薬品は効果があったといえる。

> **ポイント**
> 　自分の考えている仮説が正しいことを説得するのに使う→検定
> 　自分の主張とは逆の仮説（帰無仮説）を調べておき、それが"おかしい"と棄てることで自分の主張したい仮説（対立仮説）を採用（採択）する

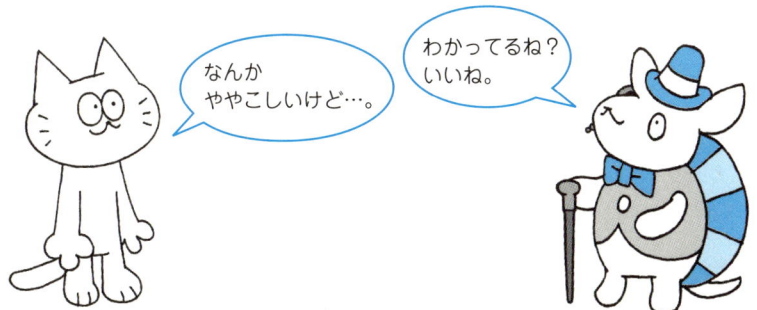

 第一種の誤りと第二種の誤り

検定では「第一種の誤り(過誤)」と「第二種の誤り(過誤)」と呼ばれる2種類の過ちを犯す可能性があります。これらについて調べてみましょう。

さあ、どうぞ！

 誤りに一種と二種ってあるんですか？

 検定では棄却域というのがあったじゃろ？何を棄てて、何を採択するかを間違えてしまうこともあるのじゃ。

 なるほどーー。検定しても間違っちゃうってことですね。

 そうなのじゃ。せっかく検定をしてもそれでは台無しじゃ。

 何か間違いを防ぐ方法があるんですか？

 どういうところで間違えやすいのか、見てみよう。ちゃんとついてくるんじゃぞ。

1-2 第一種の誤りと第二種の誤り

　実験や調査をした結果が、「ある仮説H_0（帰無仮説）のもとでは起こりにくいことであれば、その仮説H_0は棄てる」というのが検定の考え方でした。しかし、このとき、実は2つの過ちを犯す危険性があるのです。

①第一種の誤り

　仮説H_0（帰無仮説）があったとします。H_0のもとでは極めて起こりにくいことが起こったとしても、それはまったく起こり得ないことではありません。それにもかかわらず、仮説H_0を棄ててしまうという誤りが**第一種の誤り**（過誤）です。

　帰無仮説が棄却されるのは、標本調査の結果が棄却域に入ったときです。棄却域の確率をαとすると、帰無仮説H_0が正しいときでも、標本調査の結果が棄却域に入ることは確率αで起こります。ですから、第一種の誤りを犯す確率（有意水準（または危険率）といいます）は棄却域の部分の確率αといえます。

②第二種の誤り

　もう1つの誤りは、実験や調査をした結果が、仮説H_0（帰無仮説）のもとでは起こりにくいことではなかったので仮説H_0を棄てなかったが、実は仮説H_0は誤りであったという誤りです。つまり、帰無仮説H_0が誤りであるのに棄てないで採択してしまったということです。これが第二種の誤りです。

なんかややこしいですね。

棄ててはいけなかったものを棄ててしまったり、仮説が間違っていたのに採択してしまったりということじゃな。

第1章 検定の復習（母平均の検定、適合度の検定など）

そそっかしいとやっちゃいそうな誤りです。よく統計の本に、第一種の誤りと第二種の誤りのことを「あわてものの誤り」とか「ぼんやりものの誤り」と書いてあります。

そうじゃ。早とちりのほうを「あわてものの誤り」、決心が遅れるほうを「ぼんやりものの誤り」というのじゃ。それぞれ α（あわてものの**あ**）、β（ぼんやりものの**ぼ**）で表したりするのお。おもしろいじゃろ？

で、どうやって防ぐことができるのですか？？

じゃあ、説明に戻ろう。誤りを減らすにはどうしたらいいかのお。

　たとえば、最近のデータから、「日本人の平均体重は10年前に比べて増えた」と思ったとします。この正しさを示すために、帰無仮説 H_0 を「日本人の平均体重は10年前と変わらない」として検定します。このとき、対立仮説は「日本人の平均体重は、10年前に比べて増えた」となります。帰無仮説のもとで、棄却域は理論上どこにとってもいいのですが、右側にとります。なぜなら、体重が増えたのが正しければ、標本調査の結果は大き目の値をとる可能性が高いからです。棄却域を右側に取ることによって、帰無仮説 H_0 が間違っているのに受容される可能性は低くなるのです。つまり、第二種の誤りを犯す可能性を低くすることができるのです。

図1-8 帰無仮説と対立仮説

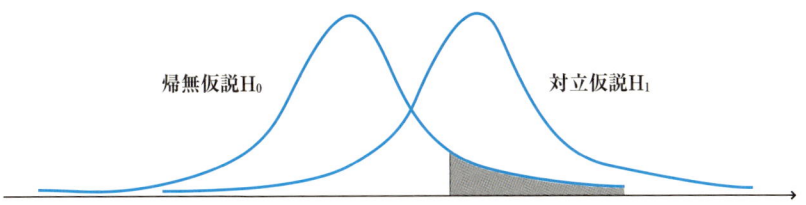

 右側にとるってことがポイントなのですね。

 第一種の誤りを犯す確率は危険率というのじゃが、標本の統計量の値が危険域に入る確率じゃ。実は、第二種の誤りを犯す確率を論ずるのはそう簡単ではないのじゃ。

 え、アリマ先生にも難しいのですか！？

 ある仮説のもとで起こりやすいことが起きたといっても、その仮説の是非は何とも言い難いからじゃ。ただし、帰無仮説と対立仮説での確率分布によっては、第一種の誤りを犯す確率 α と、第二種の誤りを犯す確率 β の関係はこうなるのじゃ。

図1-9　誤りのイメージ

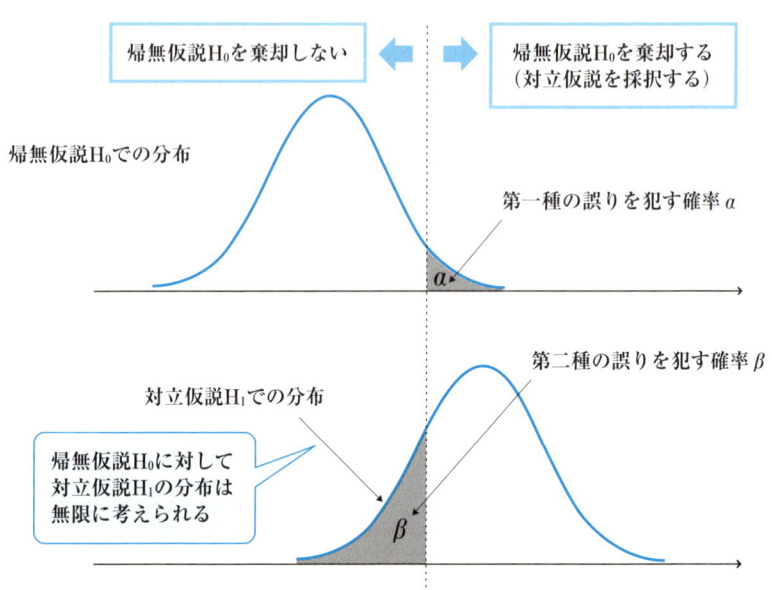

1-3 異常値の検定

データにある数値のすべてがすべて間違いなく測定された値、100%信用してよい値というわけではありません。中には、どこかのプロセスで手順をまちがって測定されてしまった…なんてケースもあります。データの中に、あれ？と思うものがあったときどうすればよいのでしょうか？

さあ、どうぞ！

測定によって得られたデータの中に、他のデータとは飛び離れた測定値が見つかることがあります。測定ミスによるものなのか迷うこともあるでしょう。そういうデータは分析するうえで、どのように処理したらよいのでしょうか。

①はずれ値の棄却検定（トンプソン棄却検定）

いくつかの標本を取り出したとき、その中に1つか2つ、非常に"飛び離れた値"が含まれていることがあります。その標本の値は、母集団本来のバラツキによるものか、あるいは測定ミスなど測定機器の故障によるものなのか…と判断に迷うときがあります。そんなとき、その標本の値を取り除いてしまってよいかどうかの検定が今回のテーマです。

正規母集団から抜きとった標本のうち、ある標本だけが非常に飛び離れた値を取っているとしましょう。このとき、

　仮説：とび離れた値は、同じ母集団からの標本である
　対立仮説：とび離れた値は、別の母集団からの標本である

と考えることができます。この仮説に対する検定統計量は次の式で表されます。

$$検定統計量 = \frac{\sqrt{標本数-2} \times A}{\sqrt{標本数-1 \times A^2}}$$

$$ただし、A = \frac{(とび離れた値)-(標本平均値)}{\sqrt{分散}}$$

$$分散 = \frac{(各標本値-平均値)^2 の和}{標本数}$$

この分布は、自由度が（標本数−2）の t 分布に従います。したがって、有意水準を a とすると、棄却域 R は次のようになります。

とび離れた値が最大の場合：上の図
とび離れた値が最小の場合：下の図

ア）とび離れた値が最大値の棄却域

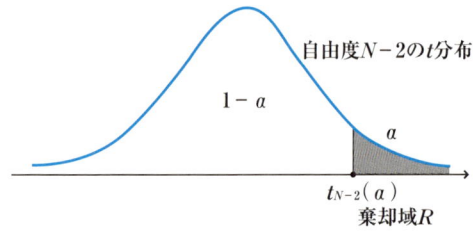

イ）とび離れた値が最小値の棄却域

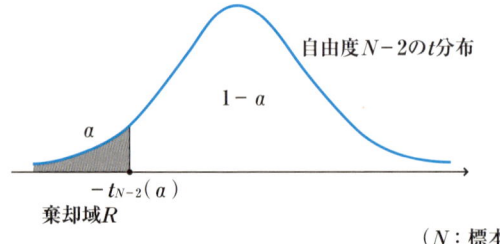

（N：標本数）

1-3 異常値の検定

ケース1

マンガンの融点を7回測定したところ、次の結果が得られました。

1266、1257、1292、1271、1268、1259、1270（℃）

この中で、3回目の測定値1292℃だけが大きく飛び離れた値になっています。この値は測定ミスとして棄ててもよいのでしょうか。トンプソン棄却検定で調べてみましょう。

$$平均値 = \frac{1266 + 1257 + \cdots + 1270}{7} = 1269$$

$$分散 = \frac{(1266 - 1269)^2 + (1257 - 1269)^2 + \cdots + (1270 - 1269)^2}{7}$$

$$= 112.6 = 10.61^2$$

$$A = \frac{1292 - 1269}{10.61} = 2.168$$

これらの値を代入して、検定統計量を求めます。

$$検定統計量 = \frac{\sqrt{7-2} \times 2.168}{\sqrt{7-1-2.168^2}} = 4.252$$

有意水準を $a = 0.01$ とすると、3.365から、棄却域は次の図のようになります。

図1-11　有意水準0.01の棄却域

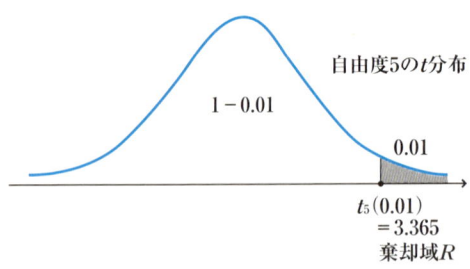

したがって、有意水準0.01で仮説は棄てられます。つまり、3回目の測定値1292℃は同じ母集団からの標本ではないので、何らかの理由による測定ミスと考えられます。

②グラブス・スミルノフ棄却検定

実は異常値の検定という統計的手法があり、それによって判定することができます。この方法は、母集団が正規分布をしているとき、異常値が正規分布の範囲を超えているかどうかを検定するものです。たとえば、「**グラブス・スミルノフ棄却検定**」があります。ここではその方法を紹介しましょう。

養殖されている成体の紅鮭10匹を選び、重さ（g）を測定したところ、次のような結果が得られました。この表のうち、10番目は5388gの異常値となっています。この測定値について検定してみましょう。

表1-5　測定値　　　　　　　　　　（単位：グラム）

2887	2459	3102	2845	3120	2840	2643	3450	3580	5388

仮説：飛び離れた測定値は異常値ではない

1-3 異常値の検定

ステップ1：2乗表の作成

測定値を大きさの順に並びかえ、2乗表を作り、その和を求めます。

測定値
2887
2459
3102
2845
3120
2840
2643
3450
3580
5388

→大きさの順に並べ替える

No.	測定値	2乗値
1	2459	6046681
2	2643	6985449
3	2840	8065600
4	2845	8094025
5	2887	8334769
6	3102	9622404
7	3120	9734400
8	3450	11902500
9	3580	12816400
10	5388	29030544
計	32314	110632772

ステップ2：標本平均と標本分散を計算する

― 公式 ―

$$標本平均 = \frac{データの和}{データの個数}$$

$$標本分散 = \frac{データ数 \times (データ)^2 の和 - (データの和)^2}{データ数 \times (データ数 - 1)}$$

上の公式に数値をあてはめてみましょう。

$$標本平均 = \frac{32314}{10} = 3231$$

$$標本分散 = \frac{10 \times 110632772 - (32314)^2}{10 \times (10-1)} = 690368$$

ステップ3：検定統計量を求める

> **公式**
>
> $$検定統計量 = \frac{(飛び離れた値) - (標本平均)}{\sqrt{標本分散}}$$

これを使うと検定統計量は、

$$\frac{5388 - 3231}{\sqrt{690368}} = 2.596$$

となります。

ステップ4：表と比べる

　グラブス・スミルノフ棄却検定表より、標本数（N）10で有意水準0.05の値は、2.176です。検定統計量はこれより大きいので、仮説は棄てられることになります。つまり、10番目の測定値5388グラムというのは、測定ミスの可能性があります。よって除外して考えるのが妥当といえるでしょう。

表1-6　グラブス・スミルノフ棄却検定表

N \ α	0.100	0.050	0.025	0.010
3	1.148	1.153	1.154	1.155
4	1.425	1.462	1.481	1.493
5	1.602	1.671	1.715	1.749
6	1.729	1.822	1.887	1.944
7	1.828	1.938	2.020	2.098
8	1.909	2.032	2.127	2.221
9	1.977	2.110	2.215	2.323
10	2.036	2.176	2.290	2.410
11	2.088	2.234	2.355	2.484
12	2.134	2.328	2.412	2.549
13	2.176	2.331	2.462	2.607
14	2.213	2.372	2.507	2.658
15	2.248	2.409	2.548	2.705
16	2.279	2.443	2.586	2.747
17	2.309	2.475	2.620	2.785
18	2.336	2.504	2.652	2.821
19	2.361	2.531	2.681	2.853
20	2.385	2.557	2.708	2.884
21	2.407	2.580	2.734	2.912
22	2.428	2.603	2.758	2.939
23	2.448	2.624	2.780	2.963
24	2.467	2.644	2.802	2.987
25	2.485	2.663	2.822	3.009
26	2.502	2.681	2.841	3.029
27	2.518	2.698	2.859	3.049
28	2.534	2.714	2.876	3.068
29	2.549	2.730	2.893	3.086
30	2.563	2.745	2.908	3.103

Column

視聴率の出し方

　テレビの視聴率というのは、テレビのある番組をどれだけの家庭が見たのか調査した結果のことです。民放のテレビ局は、コマーシャルの収入によって経営し、視聴率の高い番組ほどコマーシャル料も高くなるため、視聴率は非常に重要になります。

　テレビの視聴率は、全国を27の地区に分けて調査を実施しています。全国の調査世帯数は6250世帯ですが、全国一律の調査結果は出されていません。そのうち、関東や関西地区では、それぞれ600世帯が調査対象となっています。一般的に視聴率は、この関東と関西地区の調査結果が多いといわれています（その他、名古屋250世帯、他2地区は各200世帯）。

　視聴率調査の調査世帯は、ランダム・サンプリングによって選ばれ、各世帯の調査期間は、関東、関西では2年間で、毎月25世帯が入れ替わるようになっており、2年間ですべての調査対象が入れ替わります。

　視聴率は、95％の信頼度による区間推定によって算出されています。たとえば、600世帯という調査対象では、発生する誤差は±2.4％です。視聴率10％というのは、95％の確率で、7.6％〜12.4％の間ということです。関東地区の場合、視聴率1％は約16万1000世帯（個人視聴率に換算すると約39万2000人）に相当します。

第2章

バラツキを解析する

- **2-1** 分散分析の原理
  （一元配置の分散分析）
- **2-2** 繰り返して実験が
  行われた場合の分散分析

2-1 分散分析の原理（一元配置の分散分析）

推定や検定は、私たちが知りたい本当の値は一定の確率で、特定の幅の中にあるというように、真の姿を読み取る手法ともいえます。本章では、さらに一歩進んで、真の効果と誤差の効果の影響とを比較して、効果があるかないかを判定する手法を見てみましょう。

さあ、どうぞ！

　よく管理されたラインから製造される製品にも**バラツキ**は生まれるものです。綿密に計画された実験でも、得られた資料にはバラツキが生じます。このバラツキの中から、有効な結果が得られたかどうかを判定するのが「**分散分析**」です。分散分析の応用範囲は大変広く、工場において改善の効果が得られたか、開発した新薬の効果があるかなどを科学的に判断するために使われます。

　そもそも、分散分析はイギリスの統計学者**ロナルド・フィッシャー**によって、20世紀初めに確立された分析法で、そのため「フィッシャーの分散分析」とも呼ばれています。フィッシャー（1890〜1962）は、英国ロンドンの郊外に生まれ、双生児でした。幼いころから目が悪かったために、家庭教師は、灯火の下での勉強を禁じて、耳から数学を教えたそうです。このことが、フィッシャーの論文が直感的であり、難解であることの素地になったようです。

　彼は、ケンブリッジ大学を卒業後、適職がなく、1914年に第一次大戦が始まるや、従軍を志したものの、目が悪いために果たし得ませんでした。今日の推計学のためには、幸いであったというべきかもしれません。その後、1918年にロザムステッド農事試験場に勤め、ここで「推計学」

2-1 分散分析の原理(一元配置の分散分析)

と呼ばれる新分野を開拓したのです。フィッシャーは来日したこともあります。彼は農事試験場において、生物進化や遺伝を研究し、多くの業績を残しています。その研究の中で、彼は様々なデータ分析の手法を編み出しましたが、その1つがこれから話す分散分析なのです。

> 試験で得たデータを分析するためには、推計学が出てきたのは必然だったんですね。

> そうじゃ。それでは、さっそく例としてトマトのハウス栽培の収益を考えてみよう。

ケース1

トマトのハウス栽培

栽培のための肥料は、4種(A、B、C、D)を使い、それ以外の条件はできるだけ均一化することにして、同一面積の区画からいくらの収益があったかを調べたところ、次のような結果になりました。データは、各肥料について8区画から得ているとします。

表2-1　8区画からの収益　　　　　　　　（単位：万円）

肥料A	肥料B	肥料C	肥料D
8.40	6.79	5.79	7.30
4.44	5.74	8.65	9.20
7.71	5.02	10.38	7.71
7.23	6.71	6.25	8.14
3.57	8.57	8.22	7.14
3.53	8.49	7.15	11.35
3.77	7.80	9.32	6.77
7.31	5.29	5.62	7.97

さて、肥料の種類と収益はどんな関係があるのでしょうか。

🧙 今注目している収益に関連すると思われる項目はなんじゃ？

🐱 肥料？

🧙 そうじゃ。まあ、肥料以外にも本当は天気とかいろいろ絡んでくるかもしれんが、今回は、他の要因は均一に設定しているという前提で、肥料1つに絞って考えるんじゃ。

🐱 つまり、1つの要因だけみればいいのですね、うん、なんだかできそう。

このように、一因子（ここでは肥料）の効果を調べる方法を「**一元配置の分散分析**」といいます。一般に、統計資料に影響を及ぼす要因はさまざまありますが、今回の例のように、ある1つの要因を除いて、他の条件はできるだけ均一に設定したとします。理想的には、このときその要因だけがデータに影響を及ぼすはずということです。

> **ポイント**
> ・肥料に相当するもの…「因子」
> ・肥料A、B、Cのような種類…「水準」
> 一要因にだけ着目して、資料への影響を分析する方法が「一元配置の分析」

🧙 まず、分散分析では、偏差に注目したのを覚えているかね？

🐱 えっと、ヘンサ、へんさ……。あ、偏差ですね。

2-1 分散分析の原理（一元配置の分散分析）

> 一元配置の分散分析でも偏差は絶対に使うので、しっかり覚えておくのじゃぞ！
> ちなみに、前の表から平均は何かな？

> あ、平均はわかります。全部足してデータの個数32で割ればいいんですよね。7.10です。

「**偏差**」とは、データの値と平均値の差でしたね。肥料の効果は、その偏差の中に現れると考えます。実際、成長により肥料を与えられたトマトは、平均値よりも大きく成長するはずであり、結果として偏差は大きくなります。逆の場合もまたそう考えられます。

この例で、各データについて、実際にこの偏差を計算してみましょう。平均値は7.10なので、各偏差は次のようになります。この偏差の中に、肥料の効果が現れているというのがポイントです。

表2-2 偏差：各データ − 全体の平均7.10

（単位：万円）

肥料A	肥料B	肥料C	肥料D
1.30	−0.31	−1.31	0.20
−2.66	−1.36	1.55	2.10
0.61	−2.08	3.28	0.61
0.13	−0.39	−0.85	1.04
−3.53	1.47	1.12	0.04
−3.57	1.39	0.05	4.25
−3.33	0.70	2.22	−0.33
0.21	−1.81	−1.48	0.87

> 肥料の効果が現れているってどういうことですか？

成長にいい肥料を与えられたトマトは平均値よりも大きくよく育つじゃろ。それが数字になってでてきていて、偏差の値もぐっと大きくなっているということじゃ。

ということは、肥料があんまり役立たなかった場合は、表の中の数字はマイナスになってくるってこと？

そうじゃ。表に"肥料の効果が現れている"じゃろ？

なるほど。いまの表だと、ぱっと見、肥料Aがやけに－3とか多いです。肥料Dはマイナスが付いているのは一つだけ。肥料Dが一番優秀なのかな。

さあ、それをこれからじっくり分析していくのじゃ。

ちょっとここで言葉を補足しておきましょう。「肥料の効果」を調べるときの肥料のことを「因子」、肥料4種類のそれぞれを「水準」（レベル）といいます。あとで出てくる「**水準平均**」は、各グループ（ここでは肥料の種類による4つのグループ）の平均をいいます。

一般に、結果に影響を与えそうな主な原因を「要因」といい、要因の中で、効果の大きいと思われるものを取り出して、それを実験の対象とします。そして、この取り出された要因を「因子」といいます。因子は、いくつかに割り振って実験をしますが、この因子の割り振りを「水準」といいます。たとえば、800℃、850℃、900℃、950℃で実験する場合には、水準は4水準になります。

因子として取り上げるものは1つで、他の要因は一定にして、考えている因子をいくつかの水準に分けて、その水準の間に差がないかどうかを調

2-1 分散分析の原理（一元配置の分散分析）

べる統計的な方法を「**一元配置法**」と呼んでいます。実験をする場合には、水準はできるだけ多いほうが望ましいのですが、これが多くなると実験に手間がかかったり、費用がかさむので、あまり多くすることはできません。2〜7水準程度にするのがふつうです。

ここでは、肥料AからD、つまり縦の列の平均が水準平均じゃ。

えっと、それぞれを計算しておくと……。
水準平均はこんな感じですか？

表2-3　肥料AからDの水準平均

肥料A	肥料B	肥料C	肥料D
5.75	6.80	7.67	8.20

そうじゃそうじゃ。わかっておるのぉ。
さて、材料がそろったところで、分散分析をしてみようかのぉ。

（i）偏差を次のように、水準平均を使って計算します
　偏差＝データの値－総平均（全体の平均）
　　　＝（水準平均－総平均）＋（データの値－水準平均）・・・・(1)

（1）式の（水準平均－総平均）は各グループ平均より総平均を引いたもので、ここでは、肥料の違いの効果を表す量と考えられます。これを「**水準間偏差**」と呼んでいます。
　また、（1）式の（データの値－水準平均）は、データの値から同一肥料のグループの平均を引いたもので、同一条件のもとで得られます。データのバラツキであり、誤差を表す量と考えられ、これを「**水準内偏差**」とい

います。したがって、(1) 式は次のように書きかえることができます。

$$偏差＝水準間偏差＋水準内偏差$$
$$＝肥料の効果＋誤差$$

(ⅱ) 水準間偏差と水準内偏差を求めます

これまでの表を見ながら、「水準間偏差」と「水準内偏差」を求めてみましょう。

表2-4　水準間偏差

水準間偏差＝水準平均－全体平均

肥料A	肥料B	肥料C	肥料D
－1.36	－0.30	0.57	1.09
－1.36	－0.30	0.57	1.09
－1.36	－0.30	0.57	1.09
－1.36	－0.30	0.57	1.09
－1.36	－0.30	0.57	1.09
－1.36	－0.30	0.57	1.09
－1.36	－0.30	0.57	1.09
－1.36	－0.30	0.57	1.09

表2-5　水準内偏差

水準内偏差＝データの値－水準平均（統計誤差を表す）

肥料A	肥料B	肥料C	肥料D
2.66	－0.01	－1.88	－0.90
－1.31	－1.06	0.98	1.00
1.97	－1.78	2.71	－0.49
1.49	－0.09	－1.42	－0.06
－2.18	1.77	0.55	－1.06
－2.22	1.69	－0.52	3.15
－1.98	1.00	1.65	－1.43
1.57	－1.51	－2.05	－0.23

2-1 分散分析の原理（一元配置の分散分析）

水準間偏差（因子の効果）と水準内偏差（誤差）を数値化しました。数値化には変動が利用されます。

「**変動**」とは、偏差の平方和のことで、それはデータの散らばり具合を表現する量です。

水準間変動 $= (-1.36)^2 \times 8 + (-0.30)^2 \times 8 + 0.57^2 \times 8 + 1.09^2 \times 8 = 27.66$
　　　　　　　　　　　　　　　　　　　　　　　　　　　　　　　　・・・・(2)

水準内変動 $= \{2.66^2 + (-1.31)^2 + \cdots + 1.57^2\} + \{(-0.01)^2 + (-1.06)^2$
　　　　　　$+ \cdots + (-1.51)^2\} + \{(-1.88)^2 + 0.98^2 + \cdots + (-2.05)^2\}$
　　　　　　$+ \{(-0.90)^2 + 1.00^2 + \cdots + (-0.23)^2\}$
　　　　　$= 80.93$　・・・・(3)

この水準間変動は、肥料全体での肥料因子の効果、水準内変動は肥料全体の誤差をそれぞれ表現しています。水準間変動（肥料の効果）が水準内変動（誤差）に比べて大きければ、肥料の違いの効果が認められることになり、逆ならば、肥料の違いの効果は認められないことになります。

(ⅲ) 不偏分散を求めます

　なんか、いっきに進んじゃいました…。

　ここまでで、いよいよ肥料の効果を検証する準備ができたのじゃ。

　水準間偏差（因子の効果）を検証するんですね。なんか楽しみ。

肥料の効果を表す不偏分散と偶然性を表す不偏分散との大小を検定するのじゃ。そのために用いられるのが次の定理じゃ。

> **定理**　正規分布に従う同一の母集団から抽出された標本において、不偏分散の比はそれぞれの自由度の F 分布に従う。

F 検定を利用するために、2つの変動（水準間と水準内）を不偏分散に変換します。

不偏分散とは、変動を自由度で割ったものです。

$$\begin{aligned}水準間の自由度 &= (水準の数) - 1 \\ &= 4 - 1 \\ &= 3 \quad \cdots\cdots (4)\end{aligned}$$

したがって、(2) 式より、

$$水準間偏差の不偏分散 = 27.66 / 3 = 9.22 \quad \cdots\cdots (5)$$
$$\begin{aligned}水準内変動の自由度 &= (各水準のデータ数 - 1) \times 水準数 \\ &= (8 - 1) \times 4 = 28 \quad \cdots\cdots (6)\end{aligned}$$

したがって、不偏分散は、(3) 式より

$$水準内偏差の不偏分散 = 80.93 / 28 = 2.89 \quad \cdots\cdots (7)$$

(ⅳ) F 分布で検定します

そこで、これまでの計算結果を次の分散分析表にまとめてみましょう。

2-1 分散分析の原理（一元配置の分散分析）

表2-6 分散分析表

要因	変動	自由度	不偏分散	分散比	F値
水準間変動	27.66	3	9.22	3.19	2.95
水準内変動	80.93	28	2.89	—	—

では、F分布による検定（F検定）をやってみます。次の帰無仮説を有意水準5%で検定しましょう。

帰無仮説：水準間の差異はない（肥料の種類により、トマトの収益の差はない）
対立仮説：水準間の差異がある

さて、先の定理から、仮説をF分布で検定するには、不偏分散の比（F値という）が必要になります。(5)(7)式から、求めておきましょう。

$$F = 肥料の違いの効果／偶然性 = 9.22／2.89 = 3.19 \quad \cdots (8)$$

このF値が大きければ、肥料の違いの効果が確かめられることになります。定理によれば、このF値が自由度3,28のF分布に従います。そこで、自由度3,28のF分布の上側の5%点を調べると、2.95であり、図でわかるように、資料から求めたF値3.19は棄却域に入っているので、仮説は棄却されます。つまり「肥料の違いの効果があった」ことが有意水準5%で認められたことになるわけです。

自由度3, 28のF分布

5%点 2.95　　F値 3.19

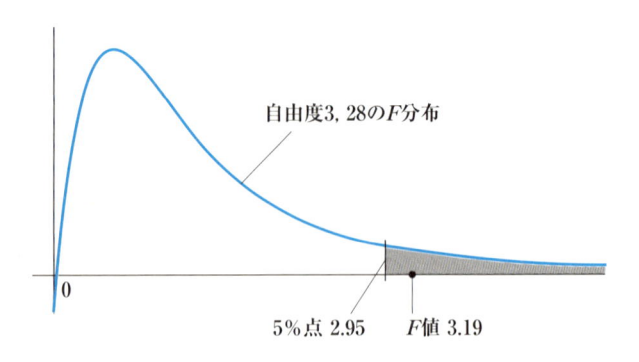

ケース2

薬による睡眠効果の差

　ある製薬会社で、新薬のかぜ薬を開発したとします。かぜ薬は睡眠効果を伴うので、次のような実験をしようと思います。一方の3人には新薬Aを与え、もう一方の3人には睡眠効果のほとんどないかぜ薬Bを与え、それぞれの睡眠時間を記録します。

(イ) 実験データ (睡眠時間)

A薬	B薬
11	5
11	8
8	5
平均10	平均6

総平均8

(ロ) 理想のデータ (睡眠時間)

A薬	B薬
10	6
10	6
10	6
平均10	平均6

総平均8

2-1 分散分析の原理（一元配置の分散分析）

🐱 A薬とB薬だと、平均の睡眠時間がそれぞれ10と6だから、違いはあるんじゃないですか？

🐱 でも、同じ人でも、11と5だったり、11と8だったりして、ばらついているじゃろ？人による違いかもしれないとは思わないかね？

🐱 あ、なるほど…。そうすると、バラツキをこのままうのみにしちゃいけないんですね。やっぱり…。

🐱 もし、データが表（ロ）のように、キレイであれば疑いの余地はないのはわかるじゃろ？だれがやっても同じ結果が出ておる。しかし、実際は、表（イ）のように個人差があるのがふつうじゃ。そこで、分析が必要になるわけじゃ。

では、ばらついたデータを各部分に分解してみよう。

①バラツカナイ部分＝総平均
　表（イ）のデータの総平均を求めると8になる。

②ばらつく部分＝各データ－総平均
　総平均をデータの各値から引いた残りは薬効差と誤差が入り混じったものと考えることができる。

③薬効差によるバラツキ＝薬ごとの平均－総平均
　薬効差によるバラツキは、A薬とB薬それぞれの平均値、つまり10と6から、総平均8を引けば求められる。

④誤差によるバラツキ＝各データ－薬ごとの平均
　元のデータの各値から、薬ごとの平均値を引けば求められる。

A薬を与えたグループでは、その各値から10を引き、B薬を与えたグループでは、その各値から6を引けばよい。

　以上の関係を次の表に示します。データ全体は、総平均と薬効差と誤差の3つに分解されたことになります。この3つの部分を加え合わせると元のデータに戻ります。逆にいうと、実験のデータは、総平均8に、薬効差と誤差が加わってできたものであることがわかります。

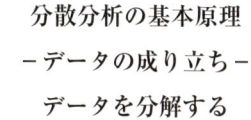

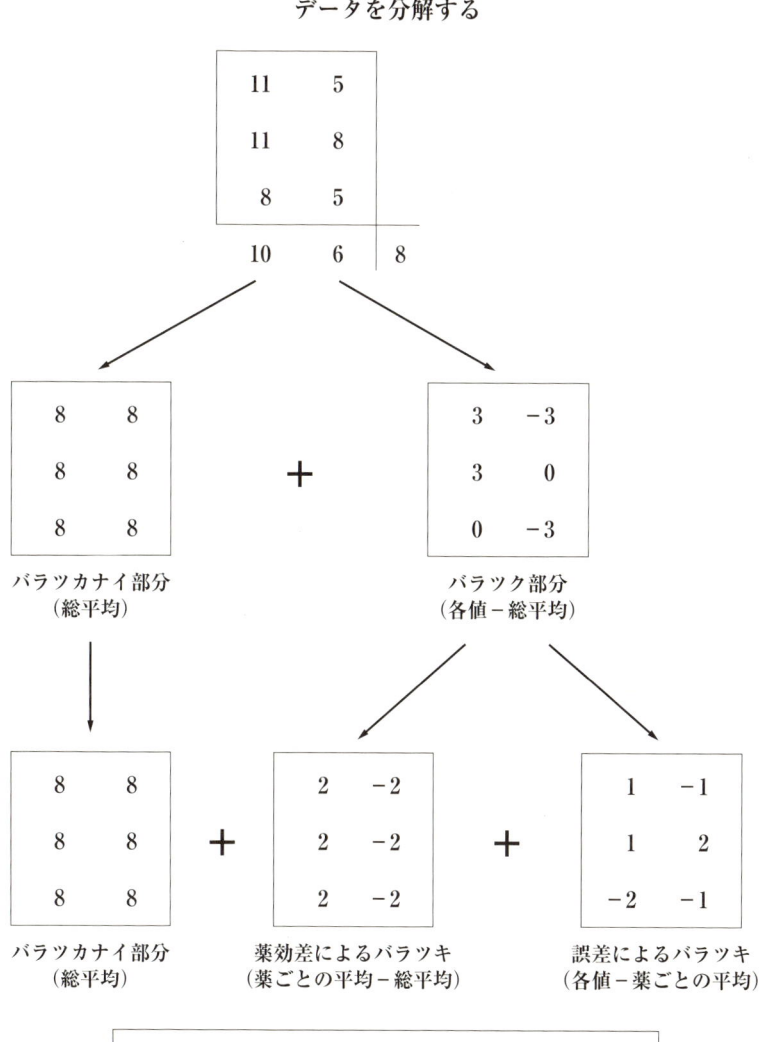

2-1 分散分析の原理（一元配置の分散分析）

分散分析の基本原理
－データの成り立ち－
データを分解する

11	5
11	8
8	5

10　6　｜8

8	8
8	8
8	8

＋

3	−3
3	0
0	−3

バラツカナイ部分　　　　　　　バラック部分
（総平均）　　　　　　　　　（各値−総平均）

8	8
8	8
8	8

＋

2	−2
2	−2
2	−2

＋

1	−1
1	2
−2	−1

バラツカナイ部分　　薬効差によるバラツキ　　誤差によるバラツキ
（総平均）　　　（薬ごとの平均−総平均）　（各値−薬ごとの平均）

```
          ┌ バラツカナイ部分
データ ───┤
          └ バラック部分 ──┬ 薬効差によるバラツキ
                           └ 誤差によるバラツキ
```

2　バラツキを解析する

🎩 ケース1と同じように考えてみると、どういうことが考えられるかな？

🐱 A薬とB薬との間に睡眠時間の差があれば、薬によるバラツキがある？

🎩 そうじゃ。そしてそれが"データに現れる"のじゃ。

　データを分解した3つの部分のうち、「薬効差によるバラツキ」の部分のバラツキ方が非常に大きいだろうと予想できます。逆にいうと、薬効差によるバラツキが非常に大きければ、薬効差があると考えてよいことになります。しかし、単に大きいとか小さいとか言ってみても意味がなく、何かに対して大きいとか、小さいとか言わなければ意味がありません。では、比較する相手に何を選べばよいのでしょうか。それは、誤差によるバラツキをとることにし、バラツキの大きさは、不偏分散で推定することにします。

$$薬効差の偏差平方和 = 2^2 + 2^2 + 2^2 + (-2)^2 + (-2)^2 + (-2)^2$$
$$= 24$$

　不偏分散を実際に求めるために、まず偏差平方和を計算するのでしたね。薬効差によるバラツキ部分の値は、薬ごとの平均値から総平均を引いたもので、これは総平均からの偏差にほかなりません。

$$誤差の偏差平方和 = 1^2 + 1^2 + (-2)^2 + (-1)^2 + 2^2 + (-1)^2$$
$$= 12$$

　次に、不偏分散の分母になっている自由度を求めます。自由度の数は、

2-1 分散分析の原理（一元配置の分散分析）

その値を計算するときに用いたデータの数から、平均値の数を引いたものです。そこで、薬効差の偏差平方和の自由度は、これを計算するためにA薬の平均時間とB薬の平均時間という2個のデータを用いていますが、総平均という平均値を1個用いているから、自由度は2－1、すなわち1になるわけです。

誤差の偏差平方和はどうなるでしょうか。計算のために6個のデータを用いていますが、2個の薬ごとの平均値を用いているので、自由度は6－2＝4です。不偏分散を求めると、下のようになります。

公式

$$不偏分散 = \frac{偏差平方和}{自由度}$$

薬効差の不偏分散 = 24/1 = 24
誤差の不偏分散 = 12/4 = 3

以上の手続きによって得た値を表にまとめると、次のような分散分析表になります。

表2-7 分散分析表

要因	偏差平方和	自由度	不偏分散	分散比 F
薬効差	24	1	24	8
誤差	12	4	3	—

2つの分散の差を比べるために、その比をとり、薬効差の不偏分散を誤差の不偏分散で割ると、8倍になります。そこで、危険率5%のF分布表から、分子の自由度が1、分母の自由度が4に対応するFの値を求めると、7.71が得られます。

表2-8　F分布表の一部（上側確率5%）

ϕ_2 \ ϕ_1	1	2	3	…
…	…	…	…	…
3	10.13	9.55	9.28	…
4	7.71	6.94	6.59	…
5	6.61	5.79	5.41	…
…	…	…	…	…

したがって、もし薬効差がないとすると、8という大きな分散比が得られることは、5％以下の確率でしか起こらないことがわかるのです。そこで、めったに起こらないことが起こるはずはないという考え方から、薬効差を認めることになります。

工場において、改善の効果が得られたかどうかはどうやって確認すればいいか、また農場において肥料の効果が得られたかどうかはどう調べればいいか、こういう問いに答えるのが「分散分析」なのじゃ。この分析法は、統計的なバラツキのあるデータから、効果を見極める方法といえるのじゃ。

ってことは、効果があるかどうかを統計的に調べられるのですね。

そのとおりじゃ。統計データにはバラツキがあるのがふつうじゃ。だから、そのバラツキがどの要因が影響しあって生じたものなのか、きちんと検証しなければならないのじゃ。わかるかな？

さっき、一元配置の分散分析というのが出てきましたが、1つの因子について調べていて、他の要因は一定にして…とい

うことでした。

たくさん因子があって、そのうち特に2つの因子について調べることを、「**二元配置の分散分析**」というからいっしょにおぼえておくのじゃぞ。

> **まとめ**
>
> **一元配置の分散分析の考え方**
>
> 　統計資料に影響を及ぼす要因はさまざまですが、ある1要因を除いて他の条件をできるだけ均一に設定したとき、すなわち一要因だけに着目して資料への影響を整理するのが一元配置の分散分析。
>
> ①分散分析はデータを偏差（データの値 − 平均値）に分解する
> ②水準間偏差と水準内偏差の大小を比較する
> ③F分布と比較する。その際次の定理を使う。
> 　「正規分布に従う母集団から抽出された2種の不偏分散の比は、2種の自由度のF分布に従う」

2-2 繰り返して実験が行われた場合の分散分析

前の章で扱った推定や検定も、実は、私たちが知りたい真の値は、一定の確率で特定の幅にあるとか、運だけではめったに起こらないことだから、必然的な原因があるに違いないというように、「運」を排除して読み取ってきました。本節では、さらに進んで、真の効果と運（誤差）の影響とを比較して、効果の有無を判定してみましょう。

さあ、どうぞ！

成功のための条件として、昔から東洋では「運（幸運）・鈍（愚直）・根（根気）」に対し、西洋では「金・才（才能）・運」の3つが大事だと言われておる。どれも「運」が挙げられているのじゃ。個々の人生でもビジネスの世界でも、国家の場合でも「運」の影響を免れることはできないのじゃ。

でも運だけで努力は必要ないのですか？

運だけを頼りにしていても幸運はこないのぉ。やっぱり努力は必要じゃ。ここで、「運」を「統計の"誤差"」に置き換えてみよう。

先生、なんか唐突な気がしますが…。

2-2 繰り返して実験が行われた場合の分散分析

たとえば、工場の室温（A）を1日ごとに15℃、18℃、21℃と変えてみたら、不良品の数が25、23、14と変化したと考えてみよう。これらの値は、室温の効果に偶然による誤差が加算されてできたものじゃ。

えーと、今本当に知りたいのは何でしたっけ？

各室温の真の効果じゃ。いらない誤差をとりのぞきたいのじゃ。

統計学では"**偶然誤差**"というコトバがあるくらいじゃ。実験の結果は、偶然、つまり運によるものなのかどうか、というとわかるかのお？

あ、なんとなく。

ケース3

ある部品製造工場で、工程のうち、温度を3段階のA_1, A_2, A_3と変えて不良率を測定したところ、次のような結果になりました。実験が同じ条件で4回繰り返されています。

表2-9　1因子、3レベル、4繰り返しのデータ

（単位：℃）

回数＼温度	A_1	A_2	A_3
①	25	23	14
②	21	24	13
③	18	24	16
④	20	21	21

> この表から、誤差を分離して、A_1、A_2、A_3の真の効果を求めてみましょう。

どうやって誤差をとりのぞくんですか？

どう考えるのかというと、ケース3では、実験が同じ条件で4回繰り返されておるじゃろ。そこに注目するんじゃ。

繰り返されていると誤差がとりのぞけるんですか？

まあ、これからじっくり見ていくことにしよう。

さて、ここのケースでいうと因子はなにかな？

データに影響を及ぼしているのは、温度だから、因子は温度ですね？

そのとおりじゃ。それでは、因子の水準は？

えーー、温度は3段階あるから、水準は3ですね。

まず、12個のデータの平均（全平均）を求めてみると20になります。そして、次のようにしてデータを分解してみるのでした。

2-2 繰り返して実験が行われた場合の分散分析

ステップ1：もし、A_1、A_2、A_3に効果があるとすれば、それは、それぞれの平均と20との差になって現れているはず

ステップ2：そこで、各レベルごとに、つまり、各列ごとに4つのデータを合計して4で割り、列の平均を求めてみる

ステップ3：A_1の列の平均は21だから、きっと、A_1はデータを全平均の20から21へと、1だけ持ち上げる効果があると予測できる。つまり、A_1には1の効果があると考えられる

ステップ4：同様に、A_2の列の平均は23なので、A_2には3の効果が、また、A_3の列の平均は16に過ぎないので、A_3の効果は－4となる

表2-10　効果と誤差の分離

	A_1	A_2	A_3
①	25	23	14
②	21	24	13
③	18	24	16
④	20	21	21
列の合計	84	92	64
列の平均	21	23	16
列の効果	1	3	－4

↓　　（データ）－（列平均）　　全平均20

	A_1	A_2	A_3
①	4	0	－2
②	0	1	－3
③	－3	1	0
④	－1	－2	5

合計0

A_1の効果は1なので、もし誤差が入りこまなければ、A_1の列のデータはすべて21になるはずです。しかし実際には、25, 21, 18, 20というデータが並んでいます。これらの値と21との差は誤差となります。

　そこで、A_1の列のデータからそれぞれ21を引いた値、4, 0, −3, −1を誤差として、次の表の下半分に書き込みます。同じように、A_2の列については、データから23を引いた値、A_3の列については、データから16を引いた値を書き込むと、次表の下半分ができあがるわけです。これが、データに紛れ込んでいた誤差であり、誤差が分離されました。

　なお、いまの例では、因子が1つ、レベルが3、繰り返しが4でしたが、一般的に因子が1つで、レベルが2つ以上の場合には繰り返しが2回以上あれば、今の例と同じ手順で、列の効果と誤差を分離することができます。

先生、なんかはやすぎてわかりません。

データから因子、今の場合は温度じゃが、その影響による列の効果と誤差とを分離してきたのじゃ。その結果を表にして見るとこうなる。

表2-11　効果と誤差の一覧表

		A_1	A_2	A_3	
効果	①	1	3	−4	平均0
	②	1	3	−4	
	③	1	3	−4	
	④	1	3	−4	
誤差	①	4	0	−2	平均0
	②	0	1	−3	
	③	−3	1	0	
	④	−1	−2	5	

2-2 繰り返して実験が行われた場合の分散分析

ここまで、列の効果をデータから計算してきました。次にしなければならないのは、求めた列の効果が"本当にあるのか"どうかを調べるという作業です。そのためには、効果のバラツキ／誤差のバラツキの比を考えてみましょう。バラツキの大きさを表す不偏分散を求めます。

$$不偏分散 = \frac{\{(各データ) - (データの平均)\}^2 の合計}{自由度}$$

自由度 = (値の数) − (その値を作るために使った平均値の数)
効果の自由度 = 水準の数 − 1 = 3 − 1 = 2
誤差の自由度 = 水準の数 × (繰り返しの数 − 1) = 3 × (4 − 1) = 9

効果の不偏分散 = $1/2 \{1^2 \times 4 + 3^2 \times 4 + (-4)^2 \times 4\}$ = 52

誤差の不偏分散 = $1/9 \{4^2 + 0^2 + (-3)^2 + \cdots + 5^2\}$ ≒ 7.7

したがって、次のようになります。

効果の不偏分散／誤差の不偏分散 = 効果のバラツキ／誤差のバラツキ
　　　　　　　　　　　　　　　　= 効果の不偏分散／誤差の不偏分散
　　　　　　　　　　　　　　　　= 52/7.7 = 6.69

さて、ここでF分布表を見てみよう。F表の自由度ϕ_1が2で、自由度ϕ_2が9のところのFの値は4.26とあるじゃろ？列の効果がないにもかかわらず、Fの値が4.26以上になることは、5%の確率でしか起こらないということなのじゃ。Fの値が6.69なので、そういうことが起こる確率は5%より小さいということが判明したわけじゃ。

表2-12　F分布表の一部（上側確率5％）

ϕ_2 \ ϕ_1	1	2	3	…
…	…	…	…	…
8	5.32	4.46	4.07	…
9	5.12	4.26	3.86	…
10	4.96	4.10	3.71	…
…		…	…	…

🐱 え、なんかややこしすぎてわかりません。

🎩 観測したデータから求めた効果の不偏分散÷誤差の不偏分散の数字6.69が、F分布表の4.26よりも大きい。4.26＜6.69。しかしじゃ。こういう関係になるのは、5％よりも少ない確率でしかないということじゃ。

🐱 だいたいわかった気がします。でも自由度がなんだか不安です。もっとかみ砕いてくれませんか？

🎩 では、もう一度「効果と誤差を分離する」表を見てごらん。「列の効果」は1、3、－4の3種類で、これらを作りだすために、全平均（20）の1つを使っているね。そこで、効果の自由度は3－1＝2になる。

　次に、誤差の自由度じゃ。誤差の値は3×4＝12あるね。これら12個の値を作りだすためには、21、23、16という3つの平均値が使われているので、自由度は12－3＝9になるわけじゃ。

　分散分析の前段階の話が済んだところで、後半は統計用語を使った説明に入り、統計用語にもなれてもらいましょう。

2-2 繰り返して実験が行われた場合の分散分析

データ－全平均				列平均－全平均				データ－列平均		
5	3	-6		1	3	-4		4	0	-2
1	4	-7	=	1	3	-4	+	0	1	-3
-2	4	-4		1	3	-4		-3	1	0
0	1	1		1	3	-4		-1	2	5

総変動（174） ＝ 因子変動（104） ＋ 誤差変動（70）

　図の左の囲いの中に並んだ値は、生データから全平均20を差し引いた値で、実際のデータが全平均からプラスやマイナスに変動している大きさを示したものです。そして、これらの値をそれぞれ2乗して合計した値を「**総変動**」といいます。

$$総変動 = 5^2 + 1^2 + (-2)^2 + \cdots + 1^2$$
$$= 174$$

　また、列の平均から全平均を差し引いた値、1, 3, -4で列の効果を示しています。これらの値を2乗して合計したものを「**因子変動**」といいます。クラス別の変動という意味で「**級間変動**」ともいいます。

$$因子変動 = 4\{1^2 + 3^2 + (-4)^2\}$$
$$= 104$$

　最後に、生データから列平均を引いた値、つまり誤差の値が並んでいます。これらの値を2乗して合計したものを「**誤差変動**」といいます。級間変動に対応させるときには「**級内変動**」と呼んでいます。

$$誤差変動 = 4^2 + 0^2 + \cdots + 5^2 = 70$$

ここで確認することは、

$$総変動 = 因子変動 + 誤差変動$$

となっていることです。

また、総変動では、12個の値を作りだすために、平均値を1つだけ使っているので、自由度は11となります。因子変動の自由度は2、誤差変動の自由度は9なので、次のような関係が成り立つことがわかります。

$$総変動の自由度 = 因子変動の自由度 + 誤差変動の自由度$$

> ここで、いろいろな「〜変動」という言葉が盛んに出てきたけど、そもそも「変動」とは何なんですか？

> 偏差を合計してバラツキの尺度（ものさし）を考えると、偏差の合計は必ず0になってしまい、具合が悪い。そこで、偏差の2乗をとったことを覚えているかな。それが「変動」じゃ。

ポイント
偏差：（個々のデータ）−（平均値）
変動：（偏差）^{2}
分散：変動÷データの個数

> でも1つ問題がある。バラツキの大きさの尺度として「変動」を考えると、たとえバラツキが少ない資料であっても、データが増えるだけで変動は大きくなってしまうのじゃ。どうするかね？

> わかった。バラツキの尺度として、変動をデータの個数で割ればいいんだ！

2-2 繰り返して実験が行われた場合の分散分析

そうじゃ。変動をデータの個数で割る、これが「分散」なのじゃ。つながったかな？

先生、質問があります！データの数字がすっご～い面倒臭い数字でもこんなふうに計算していかないといけないのですか？

いい質問じゃ。実は、計算しやすくするために、一工夫していいのじゃ。
たとえば、こんな例はどうかな。次のページのケース4をみてごらん。

> コラム
>
> ### バラツキがあってふつう？
>
> 綿密に実験計画されたデータでも、統計データにはバラツキがあるのがふつうです。このバラツキの中から、有効な結果が得られたかどうかを判定するのが「分散分析」です。言い換えれば、バラツキのあるデータにおいて、着目する要因（結果に影響を与えそうな主な原因）が影響を及ぼしているかどうかを検証するのが分散分析なのです。

ケース4

3台の機械（水準）Aで加工した部品を5つずつ寸法を測ったところ、次のような結果が得られました。

表2-13　　　　　　　　　　　　　　　　　　　　（単位：cm）

繰り返し／水準	A_1	A_2	A_3
1	100.02	99.97	100.04
2	100.02	99.96	100.05
3	100.04	99.97	100.03
4	99.99	99.97	100.01
5	100.01	99.99	100.03

このまま計算するのは面倒じゃ。だから、基準として何か数値を決めて、同じ計算を全ての数値に施して数値変換するんじゃ。そうじゃな、じゃあ、今回は100を基準にしてみるかな。

ステップ1：数値変換表の作成

表2-14　　各データから100を引き、それに100をかける

繰り返し／水準	A_1	A_2	A_3
1	2.0	－3.0	4.0
2	2.0	－4.0	5.0
3	4.0	－3.0	3.0
4	－1.0	－3.0	1.0
5	1.0	－1.0	3.0
和	8.0	－14.0	16.0
総和	10.0		

おっと、簡単な数字になりましたね！

2-2 繰り返して実験が行われた場合の分散分析

> あとの分散分析の計算は、これまでと同じ。

一元配置の分散分析の計算手順を次にまとめたので、おさらいをしてみてくださいね。

ステップ2：2乗表の作成

数値変換表の各値を2乗して2乗表を作る。2乗表には、各水準の和と総和を計算して記入する。

表2-15　測定データ

繰り返し／水準	A_1	A_2	A_3
1	4.0	9.0	16.0
2	4.0	16.0	25.0
3	16.0	9.0	9.0
4	1.0	9.0	1.0
5	1.0	1.0	9.0
和	26.0	44.0	60.0
総和	130.0		

ステップ3：修正項を計算する

$$修正項 = \frac{(データの総和)^2}{データ数} = \frac{10^2}{5 \times 3} = 6.7$$

ステップ4：総平方和を計算する

$$総平方和 = (2乗値の総和) - (修正項) = 130 - 6.7 = 123.3$$

ステップ5：群間平方和を計算する

$$群間平方和 = \frac{(各群の和)^2 の総和}{各群のデータ数} - (修正項) = \frac{516}{5} - 6.7 = 96.5$$

表2-14より、各群の和は、8、−14、16であり、(各群の和)^{2}の総和は

$$8^2 + (-14)^2 + 16^2 = 516$$

です。群の中のデータ数は5、修正項は6.7なので、これらの数値を公式に代入すると、上の式のように**群間平方和**が得られます。

ステップ6：群内平方和を計算する

$$群内平方和 = (総平方和) - (群間平方和) = 123.3 - 96.5 = 26.8$$

ステップ7：自由度を計算する

$$総平方和 = (データの総数) - 1 = 15 - 1 = 14$$

$$群間平方和 = (群の数) - 1 = 3 - 1 = 2$$

$$群内平方和 = (群の数) \times (各群内のデータ数 - 1) = 3 \times (5 - 1) = 12$$

ステップ8：不偏分散と分散比を計算する

$$不偏分散 = \frac{96.5}{2} = 48.25$$

$$分散比 = \frac{48.25}{2.23} = 21.64$$

ステップ9：以上で求めた計算値を分散分析表に記入する

表2-16　分散分析表

要因	平方和	自由度	不偏分散	分散比
群間	96.5	2	48.25	21.64
群内	26.8	12	2.23	——
和	123.3	14	——	——

ステップ10：分散比を検定する

F分布表において、自由度$\phi_1 = 2$、$\phi_2 = 12$の交点を見ると、$F_{0.05} = 3.89$、$F_{0.01} = 6.93$であり、計算された分散比の値は21.64なので、高度に有意であるといえる。

ステップ11：平均値の信頼区間を計算する

表2-14の数値変換データ（x'）は、各データ（x）から100を引き、100倍していますから、次のようになります。

$$x' = (x - 100) \times 100$$

そこで、各平均値（$\bar{x}$）を求め、次の式により、元の数に戻します。

$$\bar{x} = \frac{\bar{x}'}{100} + 100$$

$$A_1 の平均値 = \frac{8}{5} \times \frac{1}{100} + 100 = 100.02$$

$$A_2 の平均値 = -\frac{14}{5} \times \frac{1}{100} + 100 = 99.97$$

$$A_3 \text{の平均値} = \frac{16}{5} \times \frac{1}{100} + 100 = 100.03$$

群内の自由度12による t 分布表（0.05）の値は2.18、群内の不偏分散の値は2.23、平均値を求めたときのデータ数は5ですから、これらの数値を公式に代入すると、区間推定の幅が求められます。

$$\text{区間推定の幅} = 2.18 \times \sqrt{\frac{2.23}{5 \times 100^2}} = 0.015$$

上で求めた各平均値に区間推定の幅を加減すると、信頼限界（95％）が得られます。

A_1：100.02 ± 0.015 ＝ 100.01 〜 100.04

A_2：99.97 ± 0.015 ＝ 99.96 〜 99.99

A_3：100.03 ± 0.015 ＝ 100.02 〜 100.05

ステップ12：区間推定のグラフ化

3台の機械で加工した部品の寸法は、95％の信頼度で図のような範囲にあることがわかります。つまり、この範囲の以上にデータが現れることも、これ以下にデータが現れることも、100回に5回以下だろうということです。

区間推定のグラフ

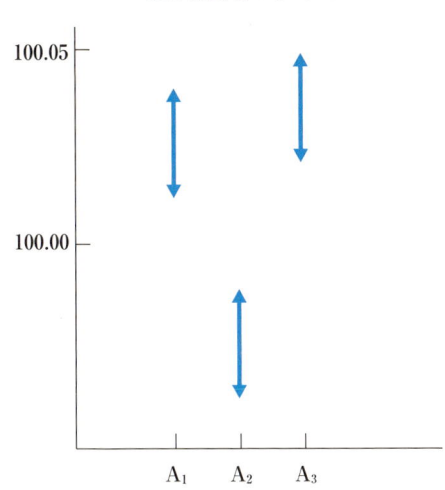

(グラフ: 縦軸 100.00〜100.05、横軸 A_1, A_2, A_3)

まとめ

一元配置の分散分析の計算手順

ステップ1：数値変換表を作成する

計算しやすくするために、データから適当な数を引き、適当な数をかけて数値変換をして、数値変換表を作る。

ステップ2：2乗表を作成する

数値変換表の各値を2乗して2乗表を作る。
2乗表には各水準の和と総和を計算して記入する。

ステップ3：修正項を計算する

公式
$$修正項 = (データの総和)^2 / データ数$$

ステップ4:総平方和を計算する

― 公式 ―
$$総平方和 = (2乗値の総和) - (修正項)$$

ステップ5:群間平方和を計算する

― 公式 ―
$$群間平方和 = \frac{(各群の和)^2の総和}{各群のデータ数} - (修正項)$$

ステップ6:群内平方和を計算する

― 公式 ―
$$群内平方和 = (総平方和) - (群間平方和)$$

ステップ7:自由度を計算する

― 公式 ―
総平方和 = (データの総数) - 1
群間平方和 = (群の数) - 1
群内平方和 = (群の数) × (各群内のデータ数 - 1)

ステップ8：不偏分散と分散比を計算する

公式

$$不偏分散 = \frac{（偏差）平方和の総和}{自由度}$$

$$分散比 = \frac{群間不偏分散}{群内不偏分散}$$

ステップ9：求めた計算値を分散分析表に記入する

表2-17　分散分析表

要因	平方和	自由度	不偏分散	分散比
群間				
群内				
和				

ステップ10：分散比を検定する

　F分布表において、群間の自由度を横軸、群内の自由度を縦軸に読み、その交差した数値をF表の値として読み取る。このF表の値と分散比の値を比較して、0.05（5％）の表の値より大きければ「有意」、0.01（1％）の表の値より大きければ「高度に有意」であり、有意の場合には分散比の右肩に*印を1つ、高度に有意の場合には*印を2つつける。「有意」ということは、各群の平均値が同一であるとは考えられないということで、平均値間に差異のあることを示している。

ステップ11：平均値の信頼区間を計算する

　各群ごとの平均値を求め、元の尺度に戻して、区間推定の幅を次の公式を使って計算し、その数値を平均値に加減して信頼限界を求める。

公式

区間推定の幅＝t分布表の値（群内の自由度：0.05）×

$$\sqrt{\dfrac{群内の不偏分散}{(平均値を求めたときのデータ数)\times(数値変換のときにかけた数)^2}}$$

コラム 修正項とは

　一元配置法や二元配置法（次節参照）の計算過程で、「修正項」という言葉が頻繁に出てきます。そして、各平方和を求めるときに修正項を差し引いています。修正項は「補正項」ともいい、統計学の本ではCT（Correction Term）という記号が使われています。

　平方和（偏差平方和）の計算では、偏差（各測定値－平均値）をいちいち計算すると、平均値の小数点以下のケタ数が多くなって計算が煩雑になったり、四捨五入の誤差が累積したりします。そこで、偏差を2乗して加える代わりに、測定値自体を2乗して加え（2乗表の作成）、その和から修正項を引くという方法をとります。この修正項は、各データの総和の2乗をデータ数で割ることによって得られます。ここで、すでに出てきた総平方和の式をもう一度書いてみましょう。

$$総平方和 = （2乗値の総和） - （修正項）$$

$$修正項 = \frac{（データの総和）^2}{データ数}$$

ガンバレ！
あとすこしで
分散分析マスターじゃ

第 3 章

2要因の効果を検証する
―二元配置の分散分析―

- **3-1** 繰り返しのない二元配置の分散分析
- **3-2** 有意水準と信頼区間
- **3-3** 因子間の相乗効果

3-1 繰り返しのない二元配置の分散分析

第2章では、分散分析はどういう考え方をするのか、それにより何がわかってどう活かすのか説明してきました。第3章では、2個以上の要因が絡んで結果が出てくるケースを考えてみましょう。

さあ、どうぞ！

結果を左右する要因として、1つの因子だけを仮定したが、2つの因子を仮定して実験する場合もあるのじゃ。そこで、2因子の効果を検証する実験結果の資料を分析するのが「二元配置の分散分析」じゃ。

簡単な例だとどんなのがあるんですか？

2-1のトマトのハウス栽培の例（39ページ）だと、因子はなんだったかな？

えっと、肥料です。肥料によって、収益が違いました。

そうじゃ。今度は、肥料ともう一つ、収益の要因になるもの、温度も考えてみるのじゃ。

3-1 繰り返しのない二元配置の分散分析

> 肥料と温度、2つの条件がばっちりそろったトマトが一番収益があるってことですね。

　同一水準データが1つしかない場合の2因子の分散分析をやってみましょう。この分析は、1因子の分散分析の考え方を拡張したものです。
　さっそく、収益の結果を見てみましょう。2因子は温度と肥料です。その各組に対して1個のデータしか存在せず、同じ条件下では、1回の実験結果しか得られていない場合です。このような資料に対する分散分析を「繰り返しのない二元配置の分散分析」といいます。この例では、肥料と温度を変えたときのトマトの収益（単位は万円）で、同一水準のデータが1つのみとしましょう。

表3-1　肥料と温度による収益一覧

（単位：万円）

		肥料			
		A	B	C	D
温度	低	3.11	5.85	8.59	8.81
	中	4.13	8.66	8.3	8.71
	高	7.37	6.86	9.3	12.11

> この表を横から縦から眺めてごらん。

> 1元配置の分散分析のときは、温度がなかったんですよね。

> そうじゃ。横からみると、1元配置のときと同じじゃ。さっきの例では、結果を左右する要因として、1つの因子だけを仮定したんじゃったな。今回は、2つの因子を仮定して実験するというこ

とじゃ。

そこで、2因子の効果を検証する実験結果の資料をどう作成するかを調べることにしましょう。

1因子の場合に調べたように、"因子の効果は偏差に現れる"と考えられます。「並み」の値である平均値からのズレが因子の効果となるからです。この偏差を分解すると、統計誤差が出てきます。

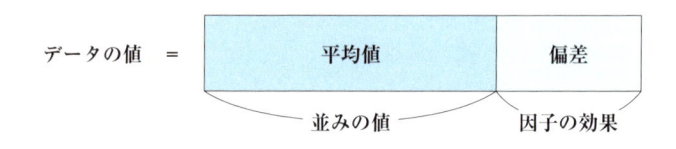

```
データの値　＝　｜　　平均値　　｜　偏差　｜
                 並みの値        因子の効果
```

> **ポイント**　偏差＝肥料の効果＋温度の効果＋統計誤差　　　　（1）

ここで、「**統計誤差**」とは、一元配置の分散分析でも調べたように、因子の効果では説明できないバラツキです。データの持つ情報すべてが、2要因で説明がつくはずです。この2要因で説明しきれない部分を「統計誤差」とみなします。

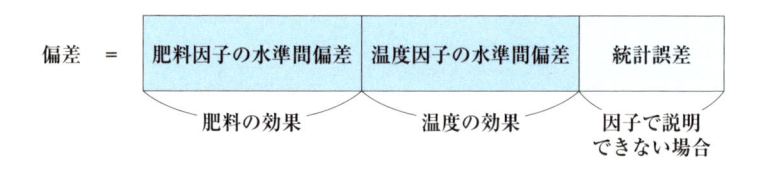

```
偏差　＝　｜肥料因子の水準間偏差｜温度因子の水準間偏差｜統計誤差｜
            肥料の効果            温度の効果          因子で説明
                                                    できない場合
```

（ⅰ）温度の効果

因子の効果として、まず「温度の効果」と同様に次のように考えてみま

3-1 繰り返しのない二元配置の分散分析

$$温度の効果 = (温度の水準平均) - (全体平均)$$

実際に与えられた資料でその値を求めてみると、次の表のようになります。

表3-2 温度の効果

		肥料			
		A	B	C	D
温度	低	−1.06	−1.06	−1.06	−1.06
	中	−0.2	−0.2	−0.2	−0.2
	高	1.26	1.26	1.26	1.26

資料全体について「温度の効果」は、一元配置の分散分析のときと同様、偏差の平方和（すなわち変動）として数値化されます。実際、上の資料から、「温度の効果」を表す水準間変動は次のようになります。

温度の効果を示す水準間変動
$$= 4\{(-1.06)^2 + (-0.20)^2 + (1.26)^2\} = 11.00 \quad (2)$$

この値が相対的に大きければ、「温度の効果」が大きいことになります。

(ⅱ) 肥料の効果

次に、「肥料の効果」を考えてみましょう。温度のときと同様、

$$肥料の効果 = 肥料の水準平均 - 全体平均$$

と考えます。また表にしてみましょう。

表3-3　肥料の効果

		肥料			
		A	B	C	D
温度	低	−2.78	−0.53	1.08	2.23
	中	−2.78	−0.53	1.08	2.23
	高	−2.78	−0.53	1.08	2.23

資料全体について「肥料」の効果は、温度のときと同様、水準間変動として数値化されます。

肥料の効果を示す水準間変動
$$= 3\{(-2.78)^2 + (-0.53)^2 + (1.08)^2 + (2.23)^2\} = 42.39 \qquad (3)$$

この値が相対的に大きければ、「肥料」の効果が大きいことになります。統計誤差は先のポイントで記したように、次の式で求めることができます。

統計誤差＝偏差－肥料の効果－温度の効果

実際に計算すると下の表のようになります。

表3-4　統計誤差

		肥料			
		A	B	C	D
温度	低	−0.70	−0.21	0.92	−0.01
	中	−0.54	1.74	−0.23	−0.97
	高	1.24	−1.52	−0.69	0.97

統計誤差の大きさも、偏差の平方和、すなわち「変動」で表現することができます。実際、上の表から計算してみましょう。

統計誤差の変動
= $(-0.70)^2 + (-0.21)^2 + \cdots + (-0.69)^2 + (0.97)^2 = 10.96$　　　（4）

　温度の効果と肥料の効果の変動が、統計誤差の変動に比べて大きいときには、各々の効果が認められることになり、逆であれば、肥料や温度の効果は認められないことになります。

　前節と同様、各変動を自由度で割った数の比、すなわち、不偏分散の比（F値）がF分布に従う、という統計学の定理を利用します。式（2）、（3）、および（4）で与えられた変動の自由度は、次のようになります。

　　　　　温度の効果の自由度 = 3 − 1 = 2　　　（5）
　　　　　肥料の効果の自由度 = 4 − 1 = 3　　　（6）
　　　　　誤差の自由度 = (4 − 1)(3 − 1) = 6　　　（7）

したがって、それぞれの効果による不偏分散は、次のようになります。

　　　　　温度の効果による不偏分散 = 11.0/2 = 5.50
　　　　　肥料の効果による不偏分散 = 42.39/3 = 14.13
　　　　　統計誤差の効果による不偏分散 = 10.96/6 = 1.83

本節では、データを左右する要因として、2つの因子を仮定する場合、つまり、2要因の効果を統計的に調べる「二元配置の分散分析」について述べました。そして、分析する資料としては、2因子の各組に対して、1個のデータしかない場合、すなわち"繰り返しのない"場合を考えました。

　二元配置の考え方は、一元配置の分散分析の場合と同様に、水準間の変動を「**因子の効果**」と考えます。

ステップ1：因子の効果を調べます

$$因子の水準平均 - 全体平均$$

ステップ2：2因子の効果を引いて統計誤差を求めます

統計誤差＝（データ－全体平均）－（列平均－全体平均）－（行平均－全体平均）

$$列平均 - 全体平均 = Aの違いの効果$$
$$行平均 - 全体平均 = Bの違いの効果$$

ステップ3：統計誤差の大きさを求めて判定します

　統計誤差の大きさは平方和（変動）で表現されます。

　Aの違いの効果とBの違いの効果がこの変動に比べて大きいときには、各々の効果が認められたことになり、逆であれば、AやBの効果は認められないことになります。

　ここでたとえ話をしようかのお。

3-1 繰り返しのない二元配置の分散分析

聞きたいです。お願いします。

> 二元配置の分散分析を平地にある山と木にたとえると、山の高さが「因子効果」、その山に生えている木が「統計誤差」。すると、木々の高さ（統計誤差）が山の高さ（因子効果）に比べて大きいと、山の高さの差は木々に隠されて見えないので、区別できないということじゃ。

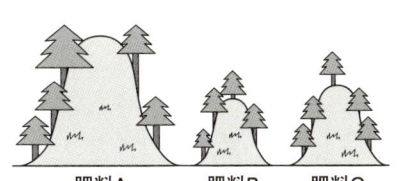

肥料A 肥料B 肥料C	肥料A 肥料B 肥料C
外から山（肥料の効果）を区別する	外から山（肥料の効果）を区別できない

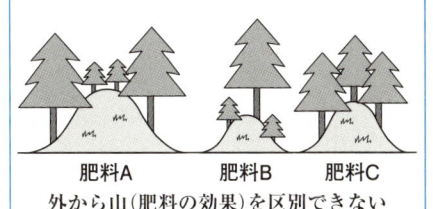

ケース1

Aは4人の社員を表し、B_1は研修前の成績、B_2は研修後の成績を表しているとします。

表3-5 2因子、繰り返しなしのデータ

（単位：点）

因子A / 因子B	A_1	A_2	A_3	A_4
B_1	48	42	51	43
B_2	62	48	52	54

> 今回は因子が2つもあり、データの値は、全平均に2つの因子の効果と誤差とが加算されたものじゃ。これらを分離したうえで、

2つの因子のそれぞれについて、効果の有無を判定してみるのじゃ。手順は、因子が1つの場合と同じじゃ。やってごらん。

表3-6　A因子の効果とB因子の効果と誤差とを分離する

因子A＼因子B	A_1	A_2	A_3	A_4	行の合計	行の平均	行の効果（全平均と行平均の差）
B_1	48	42	51	43	184	46	－4
B_2	62	48	52	54	216	54	4
列の合計	110	90	103	97	400		
列の平均	55	45	51.5	48.5	全平均＝50		
列の効果（全平均と列平均の差）	5	－5	1.5	－1.5			

↓データの値－全平均（50）－列の効果－行の効果

表3-7　誤差

誤差		A_1	A_2	A_3	A_4
	B_1	－3	1	3.5	－1.5
	B_2	3	－1	－3.5	1.5

まず、全平均（50）を求めておき、列の平均から全平均を引く。

表3-8

		A_1	A_2	A_3	A_4
因子Aの効果	B_1	5	−5	1.5	−1.5
	B_2	−5	−5	1.5	1.5
因子Bの効果	B_1	−4	−4	−4	−4
	B_2	4	4	4	4
誤差	B_1	−3	1	3.5	−1.5
	B_2	3	−1	−3.5	1.5

誤差は出ましたがこれからどう判断するのかさっぱりわかりません！！

そこで使うのがF検定じゃ。因子Aと因子Bの効果を確認するのじゃ。

そのためにそれぞれの不偏分散を求めておこう。

因子A（列）の効果の自由度＝因子Aの水準の数 − 1
$$= 4 − 1 = 3 \quad \cdots\cdots ①$$

因子A（列）の効果の不偏分散＝
$1/3 \{5^2 × 2 + (−5)^2 × 2 + 1.5^2 × 2 + (−1.5)^2 × 2\} = 36.\dot{3} \quad \cdots\cdots ②$

因子B（行）の効果の自由度＝因子Bの水準の数 − 1
$$= 2 − 1 = 1 \quad \cdots\cdots ③$$

因子B（行）の効果の不偏分散 $\{(−4)^2 × 4 + 4^2 × 4\} = 128 \quad \cdots\cdots ④$

誤差の自由度＝（因子Ａの水準の数－１）（因子Ｂの水準の数－１）
　　　　　＝３×１＝３　・・・・⑤

誤差の不偏分散＝1/3$\{(-3)^2+3^2+1^2+\cdots+1.5^2\}$＝16.$\dot{3}$　・・・・⑥

したがって、因子ＡについてのＦの値は、次のようになります。

$$\frac{因子Ａの不偏分散}{誤差の不偏分散}=\frac{36.3}{16.3}\fallingdotseq 2.22$$

ここで、F分布表から、Ａの自由度３、誤差の自由度３です。上側確率が５％となるようなFの値を探すと、9.28です。因子ＡのFの値2.22は、9.28より小さいですから、因子Ａの効果には有意差が認められないということになります。

一方、ＢについてのFの値はどうなるでしょうか。

$$\frac{因子Ｂの不偏分散}{誤差の不偏分散}=\frac{128}{16.3}\fallingdotseq 7.84$$

F分布から因子Ｂの自由度が１、誤差の自由度が３の上側確率の値をみつけると、10.1であり、因子Ｂの$F=7.84$はこれに届きません。したがって、因子Ｂの効果も、「有意差なし」となってしまいました。

分散分析をラクに計算する方法

コラム

分散分析の計算は、加減乗除だけでできるので簡単ですが、測定値が大きい値になると、計算が面倒で間違いをしやすいですね。そこで、計算を簡単にするために、測定値に、以下に述べるような操作をして、簡単な数値にしてから分散分析を行う方法を知っておくとよいでしょう。そのようにしても、結果が変わるということはありません。これまでも数値変換表などで使ってきましたが、ポイントを見直しておきましょう。

- 測定値に一定の数を加えたり引いたりしても分散分析の結果は変わらない
- 測定値に一定数を掛けたり、また一定数で割ったりしても、分散分析の結果は変わらない
- 上の2つを続けて行っても分散分析の結果は変わらない

例を挙げてみましょう。次のような数字があったとしましょう。

12500、12100、13000、12800、13200、12300、12300、12900

5けたの数字でこのまま分散分析しようとすると大変な桁数になってしまい、間違いのもとです。そこで、全体を100で割って、次のような数にしてしまいましょう。

125、121、130、128、132、123、123、129

これらをさらに、125を引いてみましょう。もっとシンプル

な数になります。

0、-4、5、3、7、-2、-2、4

この値で分散分析をするほうが、はるかに楽ですね。
-（マイナス）記号に抵抗がある人は、120で引いてもよいでしょう。いずれにせよ、分散分析の結果は同じになるはずです。

3-2 有意水準と信頼区間

3−1では、不偏分散を地道に計算してきましたね。でも結果が実際どうなのか判定しなければ、実験をしても今後に生かすことができません。そこでその値が妥当か検定します。

さあ、どうぞ！

さっき出した不偏分散の値、どう使って検定するのですか？

2因子は、温度と肥料だったじゃろ。そこで、まず考えられる仮説は何かな？

①温度の違いの効果は認められない、②肥料の違いは認められない　ですか？

ねこすけのいうように、5%の有意水準で検定します。不偏分散の比はF分布に従うので、次のようになります。

温度の不偏分散／誤差の不偏分散 = 5.50/1.83 = 3.01

肥料の不偏分散／誤差の不偏分散 = 14.13/1.83 = 7.74

下の図は、自由度2,6、自由度3,6のF分布の曲線を示しています。有意

水準5%の棄却域は、薄く塗って示しているところです。そこで、上の値を記入してみましょう。グラフが示すように、F分布の5%点は、自由度2,6で5.14、自由度3,6で4.76となります。グラフから、温度効果を示すF値は、棄却域に入っていません。そこで、仮説①は棄却できないということになります。つまり、

　　　　トマトのハウスの温度の違いの効果があるとはいえない

ということがわかります。

　これに反して、肥料の効果を示すF値は、棄却域に入っているので、仮説は棄却されることになります。つまり、肥料に関しては、効果が十分大きいことがわかり、肥料の違いの効果は認められます。

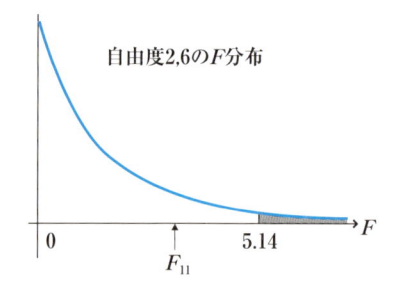

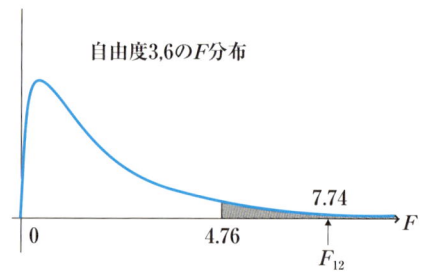

表3-9

変動要因	変動	自由度	分散	分散比	F (0.05)
行	11.00	2	5.50	3.01	5.14
列	42.39	3	14.13	7.74	4.76
誤差	10.96	6	1.83	—	—

さて、そうすると、結論はどうなるかな？

温度と肥料のうち、肥料は大いに効果があるということですね。

それでは、次の例でさくさくっと因子の効果と検定の復習してみましょう。

ケース2

原料の配合A_1、A_2、A_3、A_4と焼成温度B_1、B_2、B_3とを変えて作った抵抗体の電気抵抗を測定したところ、次のような結果が得られました。

表3-10　測定データ

（単位：Ω）

原料＼温度	B_1	B_2	B_3
A_1	160	160	180
A_2	180	190	220
A_3	200	220	250
A_4	250	260	270

原料や焼成温度によって電気抵抗はどのように変わるでしょうか。調べてみましょう。

早速はじめてみましょう。このままでは数字が3ケタあり計算しにくいので、数値変換からです。

ステップ1：数値変換表の作成

各水準の行和、列和および総和を求めて記入。
（各データ − 210）÷ 10

表3-11　数値変換

行\列	B_1	B_2	B_3	行和
A_1	−5	−5	−3	−13
A_2	−3	−2	1	−4
A_3	−1	1	4	4
A_4	4	5	6	15
列和	−5	−1	8	2

ステップ2：2乗表の作成

ステップ1で求めた数値変換表の各値を2乗して2乗表をつくる。
2乗表には、各水準の和と総和を計算して記入。

表3-12　2乗表

行\列	B_1	B_2	B_3	行和
A_1	25	25	9	59
A_2	9	4	1	14
A_3	1	1	16	18
A_4	16	25	36	77
列和	51	55	62	168

ステップ3：修正項を計算する

$$修正項 = \frac{(データの総和)^2}{データ数} = \frac{2^2}{4 \times 3} = 0.33$$

ステップ4：総平方和を計算する

$$総平方和 = (2乗値の総和) - (修正項)$$
$$= 168 - 0.33 = 167.67$$

ステップ5：行間平方和を計算する

$$行間平方和 = \frac{(行和)^2 の総和}{列（B）の水準数} - (修正項)$$

$(行和)^2 の総和 = (-13)^2 + (-4)^2 + 4^2 + 15^2 = 426$

よって、 行間平方和 $= \dfrac{426}{3} - 0.33 = 141.67$

ステップ6：列間平方和を計算する

$(列和)^2 の総和 = (-5)^2 + (-1)^2 + 8^2 = 90$

行（A）の水準数 $= 4$

$$列間平方和 = \frac{(列和)^2 の総和}{行（A）の水準数} - (修正項)$$

よって、列間平方和 $= \left(\dfrac{90}{4}\right) - 0.33 = 22.17$

ステップ7：誤差平方和を計算する

誤差平方和 $=$（総平方和）$-$（行間平方和）$-$（列間平方和）
$= 167.67 - 141.67 - 22.17 = 3.83$

ステップ8：自由度を計算する

総平方和の自由度 $=$（データの総数）$- 1 = 12 - 1 = 11$

行間平方和の自由度 = (Aの水準数) − 1 = 4 − 1 = 3
列間平方和の自由度 = (Bの水準数) − 1 = 3 − 1 = 2
誤差平方和の自由度 = (行間平方和の自由度) × (列間平方和の自由度)
= 3 × 2 = 6

ステップ9：不偏分散と分散比を計算する

$$不偏分散 = \frac{(偏差)平方和}{自由度} \quad より$$

$$行間の不偏分散 = \frac{141.67}{3} = 47.22$$

$$列間の不偏分散 = \frac{22.17}{2} = 11.09$$

$$誤差平方和の不偏分散 = \frac{3.83}{6} = 0.64$$

$$行間の分散比 = \frac{行間の不偏分散}{誤差の不偏分散} = \frac{47.22}{0.64} = 73.78$$

$$列間の分散比 = \frac{列間の不偏分散}{誤差の不偏分散} = \frac{11.09}{0.64} = 17.32$$

ステップ10：分散分析表を作る

表3-13　分散分析表

要因	平方和	自由度	不偏分散	分散比
行				
列				
誤差				
和				

ステップ11：分散分析表に記入する

平方和、自由度、不偏分散および分散比の各計算値を分散分析表に記入する。

ステップ12：分散比を検定する

F分布表において、行間の分散比の場合は、行間自由度を横軸、誤差の自由度を縦軸に読み、その交差したF分布表の値を読み取る。このF分布表の値と分散比の値を比較して、0.05（5%）の値より大きければ「**有意**」、0.01（1%）の表の値より大きければ「**高度に有意**」であり、それぞれの分散比の右肩に*印を1つ、2つ付けます。

F（0.05）、F（0.01）の比較には次のような表を作るとよいでしょう。

表3-14　F分布表の値を比較するときの表の例

φ₁（横軸）：φ₂（縦軸）	F（0.05）	F（0.01）
行の自由度：誤差の自由度		
列の自由度：誤差の自由度		
交互作用の自由度：誤差の自由度		

今の例でできた分散分析表は次のようになります。

表3-15 分散分析表

要因	平方和	自由度	不偏分散	分散比
行	141.67	3	47.22	73.78
列	22.17	2	11.09	17.32
誤差	3.83	6	0.64	—
和	167.67	11	—	—

ステップ13：分散比を検定する

F分布表において自由度 $\phi_1 = 3$、$\phi_2 = 6$ の交点を見ると、0.01で9.78、$\phi_1 = 2$、$\phi_2 = 6$で10.9となっています。これらの値を計算された分散比と比較すると、次のようになります。

$$行間の分散比 = 73.78 > 9.78$$
$$列間の分散比 = 17.32 > 10.9$$

したがって、行間、列間ともに、「高度に有意」であり、原料配合の方法によっても、焼成温度が変わることによっても、電気抵抗に影響があるといえます。

ステップ14：平均値を元の尺度に戻す

各行および各列ごとに平均値を求め、元の尺度に戻します。

$$A_1 の平均値 = -\frac{13}{3} \times 10 + 210 = 166.7$$

$$A_2 の平均値 = -\frac{4}{3} \times 10 + 210 = 196.7$$

$$A_3 の平均値 = \frac{4}{3} \times 10 + 210 = 223.3$$

A_4の平均値 = $\dfrac{15}{3} \times 10 + 210 = 260.0$

B_1の平均値 = $-\dfrac{5}{4} \times 10 + 210 = 197.5$

B_2の平均値 = $-\dfrac{1}{4} \times 10 + 210 = 207.5$

B_3の平均値 = $\dfrac{8}{4} \times 10 + 210 = 230.0$

ステップ15：区間推定の幅を計算する

次の公式により区間推定の幅を計算します。

t分布表の値（誤差の自由度 = 6：0.05） = 2.45

誤差の不偏分散 = 0.64

行の水準数 = 4、列の水準数 = 3

数値変換でかけた数 = $\dfrac{1}{10}$

以上により、区間推定の幅は次のようになります。

行の区間推定の幅 = $2.45 \times \sqrt{(0.64/3)} \times 10 = 11.3$

列の区間推定の幅 = $2.45 \times \sqrt{(0.64/4)} \times 10 = 9.8$

ステップ16：平均値の信頼限界を求める

　各平均値に、それぞれ区間推定の幅を引いたり加えたりすると、**信頼限界**（95%）が得られます。

A_1 の信頼限界 = 166.7 ± 11.3 = 178.0 〜 155.4

A_2 の信頼限界 = 196.7 ± 11.3 = 208.0 〜 185.4

A_3 の信頼限界 = 223.3 ± 11.3 = 234.6 〜 212.0

A_4 の信頼限界 = 260.0 ± 11.3 = 271.3 〜 248.7

B_1 の信頼限界 = 197.5 ± 9.8 = 207.3 〜 187.7

B_2 の信頼限界 = 207.5 ± 9.8 = 217.3 〜 197.7

B_3 の信頼限界 = 230.0 ± 9.8 = 239.8 〜 220.2

ステップ17：区間推定のグラフを描く

各行および各列の信頼限界を求め、区間推定のグラフを描きます。

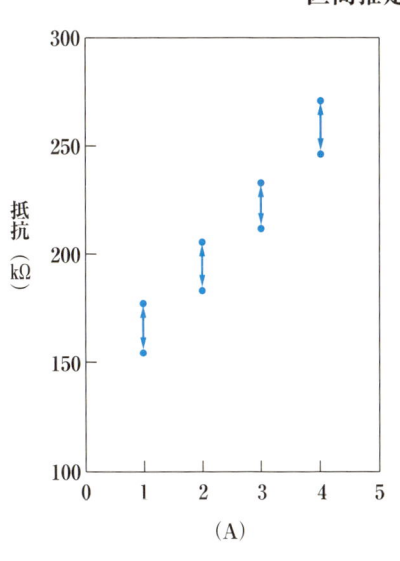

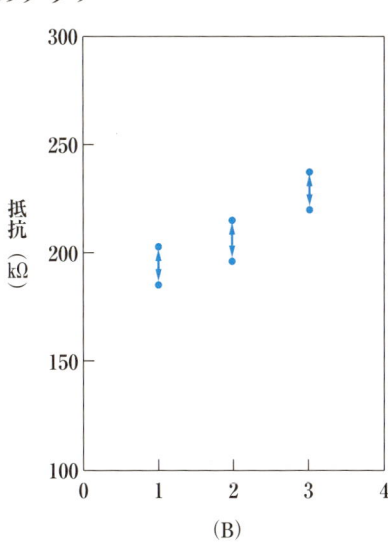

区間推定のグラフ

(A) 抵抗 (kΩ) 対 横軸1〜4

(B) 抵抗 (kΩ) 対 横軸1〜3

ケース3

3人の工員（B）が4台の機械（A）を使って生産した部品の数は、次の表のとおりです。これより、工員および機械の能力に差があるか検定しなさい。

表3-16 （単位：個）

機械＼工員	B_1	B_2	B_3
A_1	5	7	15
A_2	9	6	18
A_3	13	13	19
A_4	5	6	16

表3-17 2乗表の作成

機械\工員	B₁	B₂	B₃	和	和の2乗
A₁	5	7	15	27	729
A₂	9	6	18	33	1089
A₃	13	13	19	45	2025
A₄	5	6	16	27	729
和	32	32	68	132	4572
和の2乗	1024	1024	4624	6672	

アリマ先生！今回は実際の表からすぐに2乗しちゃっていいのですか？
さっきのケースでは、簡単な数字にしてました。

今回くらいの数字の大きさならば、このまま2乗して、表を作成していいじゃろ。
さっきは、160とか270とか3ケタの数字ばかりじゃったから、数値変換したのじゃ。

あー、そうでしたね。すっきりしましたー！

　自由度、不偏分散、分散比を計算して表にまとめると下のようになります。

表3-18 分散分析表

要因	変動	自由度	不偏分散	分散比	F (0.05)
行	72	3	24	9.0	4.76
列	216	2	108	40.4	5.14
誤差	16	6	2.67	—	—
和	304	11	—	—	—

以上から、因子（要因といってもよい）AとBはいずれもF分布表の4.76、5.14よりも大きいので、「有意である」と結論づけることができます。つまり、機械も工具も能力差があるということです。

> **ポイント** 二元配置の分散分析では、信頼限界や区間推定も2つずつ考える。

3-3 因子間の相乗効果

3−1、3−2で繰り返しがない場合を見てきました。それでは繰り返しがある場合はどうしたらよいのでしょうか。

さあ、どうぞ！

　同じ条件下で繰り返し実験した結果がまとめられている資料を分析することもあります。それが「繰り返しのある二元配置の分散分析」です。分散分析の方法は基本的に3−1や3−2でとりあげた「繰り返しのない」場合と同じです。しかし、繰り返しのある場合には、**交互作用**と呼ばれる新しい情報が得られます。すなわち、2因子が絡み合って作りだす「相乗効果」「相殺効果」について議論できるのです。

　データを左右する要因として、2因子ある場合をやってきたじゃろ。もっと進んで、同じ水準（レベル）のデータが複数個ある場合じゃ。

　繰り返しがあるってどういうことですか？

　たとえば、トマトの栽培で、さっきは肥料と温度で考えてきたが、今度は、温度について高温、中温、低温で各々何回か繰り返して実験するのじゃ。

3-3 因子間の相乗効果

温度や肥料だけじゃだめなんですか？

その2つだけで本当に説明できる収益か調べるのじゃ。

これまでのケースでは繰り返しのない二元配置として因子が2つの場合を扱いました。今回と異なるのは、それぞれの因子の効果が独立に存在するとした点です。しかしながら、一般的に何かが起こったときの原因が独立して存在することは少なく、大概複数の要因が絡み合ってある事象をもたらしているものです。そこで、ここでは、手始めに2つの因子同士が互いに作用しあう例をとりあげてみます。そのような作用が**交互作用**です。ここでは個々の作用、交互作用の分離について詳しく見ていきます。

交互作用の意味をもう少し分かりやすくお願いします。

繰り返しのない二元配置は、因子の効果が独立に存在したじゃろ。でもそんなことはまれなのじゃ。

実際はもっと複雑なんですか。

そうじゃ。因子が複数あれば互いに作用しあうと考えるのじゃ。たとえば、お汁粉にすこ～し塩を加えたらちょっと甘くなったって経験はないかね？とろろと麦飯を一緒に食べると消化がいいとか…。

あるある！！

> **ポイント** 交互作用：2つ以上の因子が組み合わさると、個々の因子では起こらない効果が生じる

食べ合わせとかもそうですか？

おー、そうじゃそうじゃ。スイカとてんぷらを一緒に食べるとお腹をこわすとか、あるのう。そういうのが交互作用じゃ。繰り返しのある場合には、この交互作用があるかないかを議論できるのじゃ。おもしろくなってきたじゃろ？

2因子で、同じ条件下で、繰り返し実験した結果がある資料を分析します。統計用語では、**繰り返しのある二元配置の分布**といいます。繰り返しのない場合と比べて、因子間の相乗効果を知ることができ、とても役に立ちます。

トマトのハウス栽培の例で見てみましょう。

ケース4

与える肥料はA～Dの4種類を用います。さらに、ハウスの温度を高温、中温、低温の3段階にします。このとき、同一面積の区画からいくらの収益が上がったかを調べた結果、次の表が得られました。

3-3 因子間の相乗効果

表3-19
肥料と温度を変えたときのトマトの収益の値（単位は円）

		肥料			
		A	B	C	D
温度	低	11.03	8.75	9.45	6.18
		13.17	11.25	9.46	8.92
		11.53	6.31	7.97	10.73
	中	13.04	13.70	10.63	8.59
		11.45	11.67	13.66	9.75
		12.76	11.34	13.43	7.59
	高	10.39	12.98	8.02	9.53
		10.06	10.58	8.68	10.42
		13.02	9.98	12.74	8.00

肥料と温度はどのように収益に効果をもたらしているのでしょうか。調べてみてください。

まず、繰り返しのない二元配置のときはどうだったか簡単に復習しておきましょう。データの偏差を次のように分離していました。

偏差＝肥料の効果＋温度の効果＋統計誤差　　　(1)
肥料の効果＝肥料の水準平均－全体平均　　　　(2)-1
温度の効果＝温度の水準平均－全体平均　　　　(2)-2

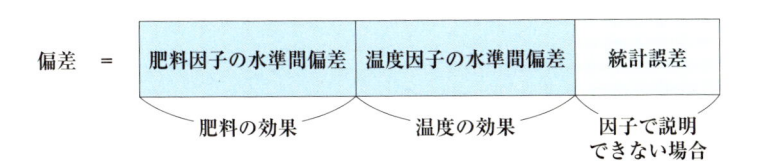

偏差　＝　| 肥料因子の水準間偏差 | 温度因子の水準間偏差 | 統計誤差 |
　　　　　　　肥料の効果　　　　　　温度の効果　　　　　因子で説明
　　　　　　　　　　　　　　　　　　　　　　　　　　　できない場合

(1) にある統計誤差の原因として、さっきはひとまとめにしていました。ところが今回のように繰り返しがある場合、"純粋な統計誤差"を抽出することができます。

純粋な統計誤差＝データの値－（同一因子・同一水準の平均値） (3)

(3) の意味を詳しく見ていきましょう。もし、2因子だけが資料のデータを決定するならば、同一条件を持つデータは同一の値をとるはずです。ですから、同一水準の組み合わせを持つデータの場合、同一の「本来の値」を持つはずということになります。しかし実際には、偶然のいたずらで、同一因子・同一水準のデータにもバラツキが生じます。そこで、同一因子・同一水準の複数のデータについての平均値を統計誤差のない「本来の値」と考え、平均値からのズレ（偏差）を「**純粋な統計誤差**」と考えます。これが (3) の正体です。

そして次に考えるのが交互作用です。交互作用の効果は、統計誤差から純粋な統計誤差を引いたものです。すなわち、個々の因子では説明しきれない統計誤差から「純粋な統計誤差」を引いたものが交互作用なのです。

交互作用の効果＝(1)の統計誤差－(3)の純粋な統計誤差 (4)

(1) と (4) から偏差は次の式に書きかえることができます。

偏差＝肥料の効果＋温度の効果＋（交互作用の効果＋純粋な統計誤差）

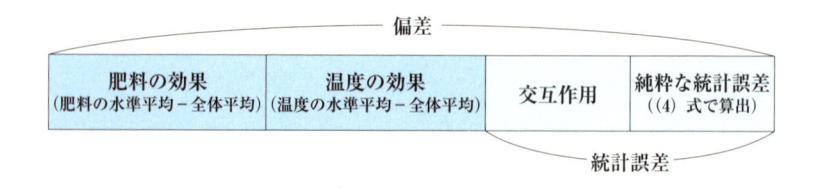

肥料の効果 (肥料の水準平均－全体平均)	温度の効果 (温度の水準平均－全体平均)	交互作用	純粋な統計誤差 ((4) 式で算出)

（上部：偏差　下部右側：統計誤差）

3-3 因子間の相乗効果

さて、ここまできたら、各因子の効果を考えることができます。式(2)から各データに対する因子の効き具合は、次の表のようになります。それに至る過程で使ってきた表も記しておきますので、数字を追ってみてください。

表3-20 温度（行）の違いによる収益の平均

	A	B	C	D
低	9.56	9.56	9.56	9.56
	9.56	9.56	9.56	9.56
	9.56	9.56	9.56	9.56
中	11.47	11.47	11.47	11.47
	11.47	11.47	11.47	11.47
	11.47	11.47	11.47	11.47
高	10.37	10.37	10.37	10.37
	10.37	10.37	10.37	10.37
	10.37	10.37	10.37	10.37

表3-21 上の表－全平均（10.46）

	A	B	C	D
低	－0.90	－0.90	－0.90	－0.90
	－0.90	－0.90	－0.90	－0.90
	－0.90	－0.90	－0.90	－0.90
中	1.01	1.01	1.01	1.01
	1.01	1.01	1.01	1.01
	1.01	1.01	1.01	1.01
高	－0.09	－0.09	－0.09	－0.09
	－0.09	－0.09	－0.09	－0.09
	－0.09	－0.09	－0.09	－0.09

表3-22 肥料（列）の違いによる収益の平均

	A	B	C	D
低	11.82	10.73	10.45	8.86
低	11.82	10.73	10.45	8.86
低	11.82	10.73	10.45	8.86
中	11.82	10.73	10.45	8.86
中	11.82	10.73	10.45	8.86
中	11.82	10.73	10.45	8.86
高	11.82	10.73	10.45	8.86
高	11.82	10.73	10.45	8.86
高	11.82	10.73	10.45	8.86

表3-23 上の表 − 全平均（10.46）

	A	B	C	D
低	1.36	0.27	−0.01	−1.60
低	1.36	0.27	−0.01	−1.60
低	1.36	0.27	−0.01	−1.60
中	1.36	0.27	−0.01	−1.60
中	1.36	0.27	−0.01	−1.60
中	1.36	0.27	−0.01	−1.60
高	1.36	0.27	−0.01	−1.60
高	1.36	0.27	−0.01	−1.60
高	1.36	0.27	−0.01	−1.60

各因子の効果を数値化してみます。効果の大小は変動の大小で表されます。変動値が大きければ効果は大きいことになります。

$$\text{温度の変動} = 12 \times \{(-0.90)^2 + (1.00)^2 + (-0.10)^2\} = 22.058 \quad (5)$$

$$\text{肥料の変動} = 9 \times \{(1.36)^2 + (0.27)^2 + (-0.01)^2 + (-1.60)^2\} = 40.34 \quad (6)$$

3-3 因子間の相乗効果

次に、「純粋な統計誤差」を調べます。(3) から同一因子、同一水準のデータの平均値を各データから引いて得られます。

表3-24 純粋な統計誤差

	A	B	C	D
低	−0.88	−0.02	0.49	−2.43
	1.26	2.48	0.50	0.31
	−0.38	−2.46	−0.99	2.12
中	0.62	1.46	−1.94	−0.05
	−0.97	−0.57	1.09	1.11
	0.34	−0.90	0.86	−1.05
高	−0.77	1.80	−1.79	0.21
	−1.10	−0.60	−1.13	1.10
	1.86	−1.20	2.93	−1.32

純粋な統計誤差の効果を数値化すると、下のようになります。上の表の各カラムの値を2乗して和をとります。

純粋な統計誤差の変動
$$= (-0.88)^2 + (-0.02)^2 + 0.49^2 + \cdots + 2.93^2 + (-1.32)^2 = 65.78 \quad (7)$$

純粋な統計誤差の変動 (65.78) を使って交互作用の変動も求めることができます。

表3-25 交互作用

	A	B	C	D
低	0.99	−1.06	−0.59	0.66
	0.99	−1.06	−0.59	0.66
	0.99	−1.06	−0.59	0.66
中	−0.41	0.51	1.12	−1.22
	−0.41	0.51	1.12	−1.22
	−0.41	0.51	1.12	−1.22
高	−0.57	0.55	−0.54	0.56
	−0.57	0.55	−0.54	0.56
	−0.57	0.55	−0.54	0.56

交互作用の変動
$$= 3\{0.99^2 + (-1.06)^2 + \cdots + (-0.54)^2 + 0.56^2\} = 21.76 \qquad (8)$$

ここまでで、各効果が変動として数値化されました。しかしながら、このままでは検定に使うことはできません。分散の検定には、正規分布に従う同一の母集団から抽出された標本において、不偏分散の比はF分布に従うという定理が利用されます。不偏分散を求めるには、各効果の変動の自由度をまず求めます。

温度の効果の自由度：温度の水準数 − 1 = 2　　　(9)
肥料の効果の自由度：肥料の水準数 − 1 = 3　　　(10)
交互作用の自由度：(温度の水準数 − 1) × (肥料の水準数 − 1) = 6　　(11)
統計誤差の自由度：温度の水準数 × 肥料の水準数 × (繰り返し回数 − 1)
　　　　　　　　= 24　　　(12)

変動を自由度で割ると、不偏分散が得られます。

温度の効果の不偏分散 = 21.95/2 = 10.98　　　　　(13)
肥料の効果の不偏分散 = 40.62/3 = 13.54　　　　　(14)
交互作用の効果の不偏分散 = 21.76/6 = 3.63　　　 (15)
統計誤差の効果の不偏分散 = 65.78/24 = 2.74　　　(16)

これでようやく仮説（帰無仮説）を立てることができます。

①肥料の効果は認められない
②温度の効果は認められない
③交互作用は認められない

これらを有意水準5%で検定してみましょう。

温度の効果の不偏分散/統計誤差の不偏分散 = 10.98/2.74 = 4.01
肥料の効果の不偏分散/統計誤差の不偏分散 = 13.54/2.74 = 4.94
交互作用の効果の不偏分散/統計誤差の不偏分散 = 3.63/2.74 = 1.32

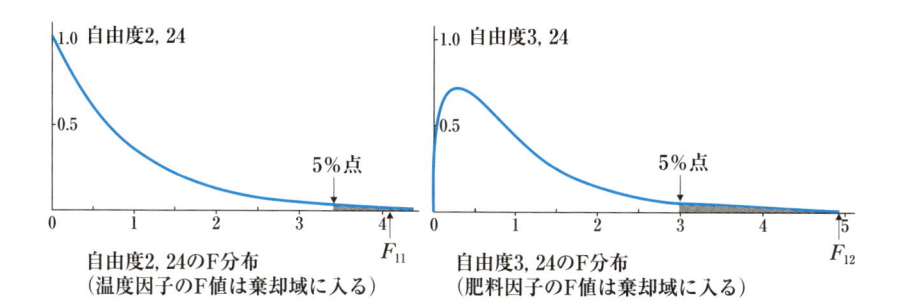

自由度2, 24のF分布
（温度因子のF値は棄却域に入る）

自由度3, 24のF分布
（肥料因子のF値は棄却域に入る）

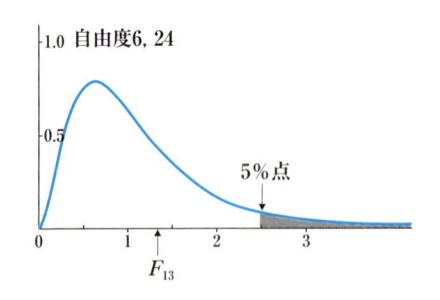

自由度6, 24のF分布
(交互作用のF値は棄却域に入らない)

グラフに示すように、自由度2,24、自由度3,24、自由度6,24のF分布の5%点はそれぞれ3.40、3.01、2.51ですから結論は、仮説①と②は棄却、③は棄却できないということになります。言い換えると、

- 温度と肥料の効果は認められる
- 交互作用は認められない

まとめると、温度と肥料が絡み合って特別な効果を生むことはこの資料からは確かめられないということです。

表にしておきましょう。

表3-26　分散分析表

要因	変動	自由度	不偏分散	分散比	F (0.05)
行	21.95	2	10.98	4.00	3.4
列	40.62	3	13.54	4.94	3.01
交互作用	21.76	6	3.63	1.32	2.51
誤差	65.77	24	2.74	—	—

> **まとめ**

繰り返しのある二元配置法の求め方

ステップ１：数値変換表の作成

　計算しやすくするために、データから適当な数を掛けて数値変換をし、数値変換表を作る。

　数値変換表には、各水準の行和、列和および総和を計算して記入する。

ステップ２：２乗表の作成

　数値変換表の各値を２乗して２乗表を作る。２乗表には、各水準の行和、列和および総和を計算して記入する。

ステップ３：修正項を計算する

―公式―
$$修正項 = \frac{(データの総和)^2}{データ数}$$

ステップ４：総平方和を計算する

―公式―
$$総平方和 = (2乗値の総和) - (修正項)$$

ステップ５：行間平方和を計算する

―公式―
$$行間平方和 = \frac{(行の和)^2 の総和}{繰り返しの数 \times 各列の水準数} - (修正項)$$

ステップ6:列間平方和を計算する

> **公式**
> $$列間平方和 = \frac{(列の和)^2 の総和}{繰り返しの数 \times 各行の水準数} - (修正項)$$

ステップ7:各枠内のデータの和の計算表を作成する

各枠内のデータの和を計算し、各水準の行和、列和および総和を求めて記入する。

ステップ8:枠内の2乗表を作成する

各枠内のデータの和を2乗し、各水準の行和、列和および総和を求めて記入する。

ステップ9:交互作用の平方和を計算する

> **公式**
> $$交互作用の平方和 = \frac{(各枠内データの和)^2 の総和}{繰り返しの数}$$
> $$- (修正項) - (行間平方和 + 列間平方和)$$

ステップ10:誤差の平方和を計算する

> **公式**
> 誤差の平方和
> = 総平方和 − (行間平方和 + 列間平方和 + 交互作用の平方和)

ステップ11：自由度を計算する

> **公式**
>
> ①総平方和の自由度 = (データの総数) − 1
> ②行間平方和の自由度 = (行の数) − 1
> ③列間平方和の自由度 = (列の数) − 1
> ④交互作用の平方和の自由度 = ② × ③
> ⑤誤差の平方和の自由度 = ① − (② + ③ + ④)

ステップ12：不偏分散と分散比を計算する

> **公式**
>
> 不偏分散 = (偏差)平方和／自由度
> 行間の分散比 = 行間の不偏分散／誤差の不偏分散
> 列間の分散比 = 列間の不偏分散／誤差の不偏分散
> 交互作用の分散比 = 交互作用の不偏分散／誤差の不偏分散

ステップ13：分散分析表を作り、これに記入する

平方和、自由度、不偏分散および分散比の各計算値を記入する。

表3-27　分散分析表

要因	平方和	自由度	不偏分散	分散比
行間				
列間				
交互作用				
誤差				
和				

ステップ14：分散比を検定する

F分布表より、次の値を読み取る。

分散比の値がF分布表の0.05より大きければ、「有意」、0.01の値より大きければ「高度の有意」であり、それぞれ分散比の右肩に＊印を1つ、2つつける。

表3-28

ϕ_1（横軸）：ϕ_2（縦軸）	F (0.05)	F (0.01)
行の自由度：誤差の自由度		
列の自由度：誤差の自由度		
交互作用の自由度：誤差の自由度		

ステップ15：平均値の信頼区間を計算する

各行および各列ごとの平均値を計算し、元の尺度に戻し、区間推定の幅を次の公式より計算し、その数値を平均値に加減して信頼限界を求める。

①行の区間推定の幅

$$= t \text{分布の値（誤差の自由度：0.05）}$$
$$\times \sqrt{\frac{\text{誤差の不偏分散}}{\text{繰り返しの数} \times \text{列の水準数}}}$$
$$\times \frac{1}{\text{（数値変換でかけた数）}}$$

②列の区間推定の幅

$$= t \text{分布の値（誤差の自由度：0.05）}$$

$$\times \sqrt{\frac{誤差の不偏分散}{繰り返しの数 \times 行の水準数}}$$

$$\times \frac{1}{(数値変換でかけた数)}$$

ステップ16：各行および各列の信頼限界を求め、区間推定のグラフを描く。

> **ポイント**
> 繰り返しのある二元配置の分散分析では、2つの因子の組み合わせによる交互作用を考える。

Column

歪度と尖度

1）歪度（わいど）－分布の型の対称性－

歪度とは、分布の型が左右対称になっているかどうかを示す量で、次の式で表されます。

$$歪度 = \frac{(階級値 - 平均値)^3 の和}{(度数の和) \times (標準偏差)^2}$$

例を挙げてみましょう。

次の度数分布表とヒストグラムは、高血圧症49名の年齢別の発症割合を表したものです。このヒストグラムは、左スソが長くなっています。

表1

階級（年齢）	度数（人）
45～49	3
50～54	3
55～59	3
60～64	3
65～69	4
70～54	7
75～79	10
80～84	12
85～89	3
90～94	1
計	49

図1

ヒストグラム

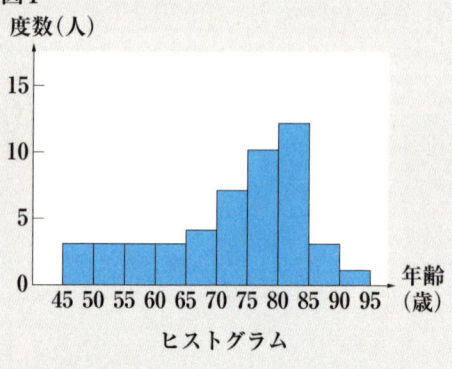

平均値＝72.16、標準偏差＝11.75より、歪度は次のように求められます。

$$歪度 = \frac{1}{49 \times 11.75^3} \{(47-72.16)^3 \times 3 + (52-72.16)^3 \times 3$$
$$+ \cdots + (92-72.16)^3 \times 1\}$$
$$= -0.68 < 0$$

一般に歪度には、次のような傾向があります。

図2　歪度の性質

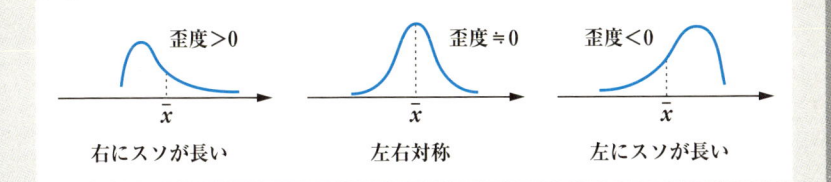

歪度＞0	歪度≒0	歪度＜0
右にスソが長い	左右対称	左にスソが長い

2) 尖度（せんど）－分布の型の尖（とが）り具合－

尖度とは、分布の尖（とが）り具合を示す量のことで、次の式で表されます。

$$尖度 = \frac{(階級値-平均値)^4 の和}{(度数の和) \times (標準偏差)^4}$$

また例を挙げてみましょう。次の度数分布表とヒストグラムは、ある女子大生の身長を表したものです。これより、尖度を求めてみましょう。

（次ページへ続く）

Column

表2

階級（身長）	階級値	度数（人）
143～146	144.5	3
146～149	147.5	5
149～152	150.5	17
152～155	153.5	41
155～158	156.5	47
158～161	159.5	37
161～164	162.5	30
164～167	165.5	12
167～170	168.5	8
計		200

図3

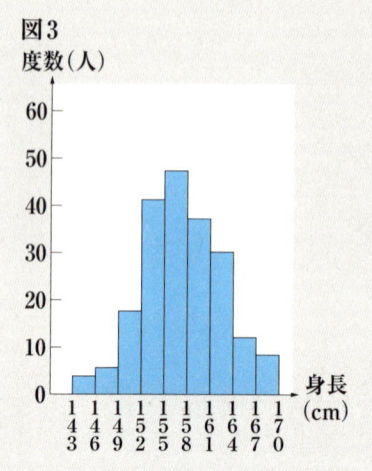

平均値＝157.45、標準偏差＝4.93より、尖度は次のように求められます。

$$尖度 = \frac{1}{200 \times 4.93^4} \{(144.5 - 157.45)^4 \times 3 + (147.5 - 157.45)^4 \times 5 + \cdots + (168.5 - 157.45)^4 \times 8\}$$

$$= 3.15$$

尖度の違いを図で表現すると、次のようになります。

今の例では3に近いので、女子大生の身長の尖り具合は、正規分布に近いことがわかります。

図4 尖度と正規分布の関係

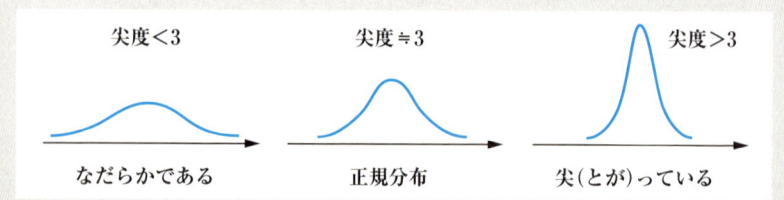

尖度＜3 なだらかである
尖度≒3 正規分布
尖度＞3 尖（とが）っている

第 **4** 章

3要因の効果を検証する
―三元配置の分散分析―

- **4-1** 因子の水準間組み合わせ
- **4-2** 交互作用の解釈
- **4-3** 実験データをマトリックスにする

4-1 因子の水準間組み合わせ

> さあ、どうぞ！

この節で分散分析のはなしは終わりです。あとは、因子がいくら増えても、同じやり方で分散分析を行うことができます。

🐱 1元配置、2元配置とやってきたが、分散分析のパターンはわかってきたかね？

🐱 わかってきたような…。でもこれ以上因子が増えるとどうなるんですか？

🐱 いろんな結果の原因、ここでは因子のことじゃが、きちんと知ろうとすればするほど、因子の数というのは増えていくものなんじゃ。わかるじゃろ？

🐱 なんにでも、程度とかレベルはありますからね。

🐱 そうなのじゃ。でもそこを突き詰めていくからこそ、新しい商品やサービスができるんじゃ。ここでは、三元配置というものを考えてみるとしよう。

4-1 因子の水準間組み合わせ

第3章では、「繰り返しのある二元配置法」の話をしました。交互作用を調べましたね。しかしながら、同じ実験を繰り返すのは、芸のない話ですね。そういう場合は、もう1つ因子を余分に選んで、因子が3つの実験、つまり、三元配置法の実験を計画するほうが賢明です。そこで、ここでは、三元配置法で行ったデータの分析をやってみましょう。

手はじめに、因子は3つ、レベルは2つの場合からやってみましょう。

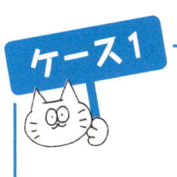

ケース1

めずらしい魚を8匹飼育していると考え、因子Aは水温、因子Bは餌、因子Cは明るさとしましょう。これらの条件で飼育したところ、1カ月後にデータのような体重の増加が記録されました。

表4-1 3因子、繰り返しなしのデータ

（単位：グラム）

因子のレベル		A_1	A_2
C_1	B_1	8	8
	B_2	16	12
C_2	B_1	4	4
	B_2	8	4

$\begin{cases} A_1：高温 \\ A_2：低温 \end{cases}$ $\begin{cases} B_1：動物 \\ B_2：植物 \end{cases}$ $\begin{cases} C_1：明 \\ C_2：暗 \end{cases}$

4 3要因の効果を検証する ―三元配置の分散分析―

二元配置のときと同様に計算してみましょう。
検算のために、総変動の内訳は

総変動＝因子Aの変動＋因子Bの変動＋因子Cの変動＋誤差の変動

です。この式に値をあてはめると、次のようになります。

$$総変動 = 8 + 32 + 72 + 16 = 128$$

$$自由度 = 1 + 1 + 1 + 4 = 7$$

表4-2　因子A、B、Cの効果と誤差を分離する

因子のレベル		A_1	A_2
C_1	B_1	8	8
	B_2	16	12
C_2	B_1	4	4
	B_2	8	4
A_iの合計		36	28
A_iの平均		9	7
A_iの効果		1	－1

全平均＝8

4-1　因子の水準間組み合わせ

表4-3　B_iについて

	B_iの合計	B_iの平均	B_iの効果
B_1	24	6	－2
B_2	40	10	2

表4-4　C_iについて

	C_iの合計	C_iの平均	C_iの効果
C_1	44	11	3
C_2	20	5	－3

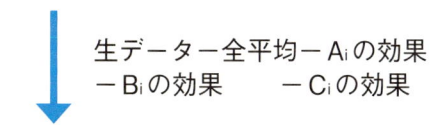

生データー全平均－A_iの効果
　　　　－B_iの効果　　　－C_iの効果

表4-5　誤差

		A_1	A_2
C_1	B_1	－2	0
	B_2	2	0
C_2	B_1	0	2
	B_2	0	－2

　分散分析のはじめに、1因子、3レベル、4繰り返しのデータを示しましたが、表（3因子、繰り返しなしのデータ）で因子の効果がゼロであるとみなせば、「因子が2つで繰り返しのあるデータ」となります。

ケース2

　ある中学校の生徒たちが夏休みの自由研究でいろいろな洗剤の洗浄力を調べて発表することにしました。

☆用意した主なもの
　　洗剤：甲社の試作品C_1とC_2

　　　　乙社の製品　C_3 と C_4
汚染布 A_1：動植物油脂で汚染したもの
汚染布 A_2：鉱物油で汚染したもの
温度計、密閉容器2つ

☆研究の方法
用意した4つの洗剤に次のようなテストを行いました。
手順1：密閉された容器を温度 B_1（25℃）と B_2（40℃）に設定
手順2：それぞれ別の容器に汚染布 A_1、A_2 をいれる
手順3：数分後、A_1 と A_2 を取り出して、洗剤 C_1〜C_4 で洗ってみる

☆結果
　洗剤の効き目を調べる実験は、三元配置法で行いました。
まず測定結果を表にしておきましょう。

表4-6　測定結果

(単位：グラム)

洗剤＼汚染布・温度	A_1		A_2	
	B_1	B_2	B_1	B_2
C_1	42.7	43.1	41.2	39.0
C_2	33.5	35.6	32.5	29.0
C_3	39.2	40.9	34.4	36.3
C_4	38.2	39.5	33.3	35.0

ステップ1：数値変換表を作成する

表4-7　数値変換：（測定値 − 40）× 10

洗剤＼汚染布温度	A_1		A_2		行和
	B_1	B_2	B_1	B_2	
C_1	27	31	12	−10	60
C_2	−65	−44	−75	−110	−294
C_3	−8	9	−56	−37	−92
C_4	−18	−5	−67	−50	−140
列和	−64	−9	−186	−207	−466
グループ和	−73		−393		―

ステップ2：Aの各水準を合計する

A_1 の合計 ＝ 1列の和 ＋ 2列の和 ＝ − 64 − 9 ＝ − 73

A_2 の合計 ＝ 3列の和 ＋ 4列の和 ＝ − 186 − 207 ＝ − 393

ステップ3：Bの各水準を合計する

B_1 の合計 ＝ 1列の和 ＋ 3列の和 ＝ − 64 − 186 ＝ − 250

B_2 の合計 ＝ 2列の和 ＋ 4列の和 ＝ − 9 − 207 ＝ − 216

ステップ4：洗剤（C_i）、汚染布（A_i）の各水準を合計する

表4-8　C_i と A_i の水準

	A_1（B_1 ＋ B_2）	A_2（B_1 ＋ B_2）
C_1	58	2
C_2	−109	−185
C_3	1	−93
C_4	−23	−117

ステップ5：洗剤（C_i）、温度（B_i）の各水準を合計する

表4-9　C_iとB_iの水準

	B_1	B_2
C_1	39	21
C_2	－140	－154
C_3	－64	－28
C_4	－85	－55

39とか21ってどういう計算で出てきたのですか？

数値変換した表で、B_1の列やB_2の列で見るのじゃ。たとえば、A_1のうち条件B_1というのは、C_1を使ったとき27となる。もうひとつ、A_2の場合もあるから、その12を加えて39と出る。

なるほど。どの水準を見ているかによって、表の見方を変えなくちゃいけないのか…。

ステップ6：修正項を計算する

$$修正項 = \frac{(データの合計)^2}{データ数} = \frac{(データの合計)^2}{各水準の積}$$

$$= \frac{(-466)^2}{4 \times 2 \times 2} = \frac{217156}{16} = 13572$$

おっと、修正項はなんだったかちゃんと覚えておるかな？

4-1　因子の水準間組み合わせ

🐭 なんでしたっけ…？

🐱 各平方和を求めるときに使いますよね。確かさっき（第1章コラム参照）やったような…。

$$修正項＝（データの総和）^2÷データ数$$

🧙 そのとおり！じゃあ続けよう。

ステップ7：2乗表を作成する

数値変換した表から、各データの2乗表を作る

表4-10　2乗表

洗剤＼温度＼汚染布	A_1		A_2		行和
	B_1	B_2	B_1	B_2	
C_1	729	961	144	100	1934
C_2	4225	1936	5625	12100	23886
C_3	64	81	3136	1369	4650
C_4	324	25	4489	2500	7338
列和	5342	3003	13394	16069	37808 / 37808

ステップ8：各変動を計算する

総変動、A・B・Cの各変動、CB・CA・ABの各交互作用、誤差の変動をそれぞれ求める

(ア) 総変動

$$総変動 = (各データ)^2の和 - 修正項$$
$$= 37808 - 13572 = 24236$$

(イ) Aの変動

$$Aの変動 = \frac{(各水準の和)^2の和}{Cの水準数 \times Bの水準数} - 修正項$$

$$汚染布(A)の変動 = \frac{(-73)^2 + (-393)^2}{4 \times 2} - 13572$$

$$= 6400$$

(ウ) Bの変動

$$Bの変動 = \frac{(Bの各水準の和)^2の和}{Cの水準数 \times Aの水準数} - 修正項$$

$$温度(B)の変動 = \frac{(-250)^2 + (-216)^2}{4 \times 2} - 13572$$

$$= 72.5$$

(エ) Cの変動

$$Cの変動 = \frac{(行和)^2の和}{Aの水準数 \times Bの水準数} - 修正項$$

4-1 因子の水準間組み合わせ

$$\text{洗剤（C）の変動} = \frac{60^2 + (-294)^2 + (-92)^2 + (-140)^2}{2 \times 2} - 13572$$

$$= 15953$$

（オ）交互作用（C×B）の変動

$$\text{交互作用（C×B）の変動} = \frac{(\text{C×Bの各水準の和})^2 \text{の和}}{\text{Aの水準数}}$$

$$-\text{修正項} - (\text{Cの変動} + \text{Bの変動})$$

C×Bの各水準の和より、交互作用（C×B）の変動は次のように求めることができます。

表4-11 交互作用（C×B）の変動

	B_1	B_2	Bの和
C_1	39	21	60
C_2	-140	-154	-294
C_3	-64	-28	-92
C_4	-85	-55	-140
Cの和	-250	-216	-466

表4-12 上の表を2乗

	B_1	B_2
C_1	1521	441
C_2	19600	23716
C_3	4096	784
C_4	7225	3025

総和　60408

交互作用(C×B)の変動

$$= \frac{1}{2}\{39^2 + 21^2 + (-140)^2 + (-154)^2 + (-64)^2 + (-28)^2 + (-85)^2 + (-55)^2\} - 13572 - (15953 + 72.5)$$

$$= \frac{1}{2} \times 60408 - 13572 - (15953 + 72.5)$$

$$= 606.5$$

(カ) 交互作用（C×A）の変動

$$交互作用(C \times A)の変動 = \frac{(列和)^2の和}{Cの水準数} - 修正項 - (Cの変動 + Aの変動)$$

（オ）と同様にして表を作ってみてください。

(カ) 交互作用（A×B）の変動は、列和より

$$\frac{1}{4}\{(-64)^2 + (-9)^2 + (-186)^2 + (-207)^2\} - 13572 - (6400 + 72.5)$$

$$= 361$$

(キ) 誤差の変動

誤差の変動は、総変動から各変動の合計を差し引いたものです。

誤差の変動 =（Aの変動 + Bの変動 + Cの変動 + C×Bの変動 + C×Aの変動 + A×Bの変動）

各変動の合計 = 6400 + 606.5 + 246 + 361 = 23639

4-1 因子の水準間組み合わせ

誤差の変動 = 総変動 − 各変動の合計
　　　　　= 24236 − 23639 = 597

(ク) 自由度を求める

　　総変動の自由度 = (Aの水準数 × Bの水準数 × Cの水準数) − 1 = 15
　　Aの変動の自由度 = (Aの水準数) − 1 = 1
　　Bの変動の自由度 = (Bの水準数) − 1 = 1
　　Cの変動の自由度 = (Cの水準数) − 1 = 3
　　C × Bの変動の自由度 = (Cの自由度) × (Bの自由度) = 3
　　C × Aの変動の自由度 = (Cの自由度) × (Aの自由度) = 3
　　A × Bの変動の自由度 = (Aの自由度) × (Bの自由度) = 1
　　誤差の変動の自由度 = 総変動の自由度 − 各変動の自由度の合計
　　　　　　　　　　　= 15 − (1 + 1 + 3 + 3 + 3 + 1) = 3

(ケ) 分散分析表にまとめる

表4-13　分散分析表

要因	変動	自由度	不偏分散	分散比	F (5%)	F (1%)
洗剤（C）	15953	3	5318	26.7*	9.28	29.5
汚染布（A）	6400	1	6400	32.2*	10.1	34.1
温度（B）	72.5	1	72.5	0.36	10.1	34.1
交互作用（A×C）	246	3	82	0.41	9.28	29.5
交互作用（B×C）	606.5	3	202	1.02	9.28	29.5
交互作用（A×B）	361	1	361	1.81	10.1	34.1
誤差	597	3	199	—	—	—

4-2 交互作用の解釈

4-1ではコツコツと分散分析表を作ってきました。因子や水準が増えると、交互作用も考える必要が出てきます。しかしながら、それこそ分散分析の醍醐味なのです！ここではさらに何が読み取れるか考えてみましょう。

さあ、どうぞ！

因子は、洗剤4種類、汚染布2種類、温度2種類じゃったな。

交互作用を入れた分散分析表はとっても複雑に見えますが…。

あの、いまさらなんですが…。F（5%）9.28ってなんでしたっけ？

F分布表に従って有意水準5%で検定するということじゃ！

えっと…。9.28は今の例でいうと、グループ間の自由度3、グループ内の自由度3のF分布表の値じゃありませんでしたっけ？

> ご名答！ちなみに、10.1というのは、グループ間の自由度1、グループ内の自由度3の場合の値じゃ。ちゃんと復習しておくのじゃぞっ。

分散分析表から読み取れること、洗剤、汚染布、温度、それらが関連した交互作用についてまとめておきましょう。

①洗剤（C）：4種類の洗剤の洗浄力には差がある（有意水準5%で有意差あり）
②汚染布（A）：汚染布の種類によっても洗浄力は違うようである（有意水準5%で有意差あり）
③洗浄温度（B）：洗浄温度は25℃でも40℃でも、洗浄力にはそれほど影響がない
④交互作用：CとA、CとB、AとBの交互作用はいずれもない

なお、洗剤と汚染布との交互作用を調べたい場合は、繰り返しのある二元配置で実験を考えてみればよいのです。今回は同じことを二度繰り返さずに、温度を変えてその影響も調べました。

> 先生！洗剤によって汚れの落ち具合が違うのはわかりました。

> 違う要因は何が一番考えられるかな？

> 温度は影響ないみたいだし、交互作用もないって結果が…。

でも、ねこすけ〜、布の種類によって、洗浄力が違うらしいです。

よく気が付いた！ じゃあ、もっときちんと追究してみるかね。いまのところ、違うようである、と言えたにとどまっているからのお。

どっちのほうが汚れが落ちやすいのかな。

分散分析表からおおよそのことがわかりました。それをさらに調べて結論づけるために、検定を行います。

次の公式により、水準間の差の検定を行います。

> **ポイント**
>
> **検定用尺度**
> $$= \sqrt{\text{データの数} \times \text{誤差の不偏分散} \times F\text{分布表の値}(1と誤差の自由度)}$$

洗剤（C）の洗浄力の差の検定をしてみましょう。

- データの数：比較する2水準の洗剤ともそれぞれ4なので、4＋4
- 誤差の不偏分散は分散分析表より、199
- F分布表より、1と3の0.05は10.1、0.01は34.1

これらの数値を、上式にそれぞれ代入すると、次のようになります。

$$検定用尺度（5\%）= \sqrt{(4+4) \times 199 \times 10.1} = 127$$

$$検定用尺度（1\%）= \sqrt{(4+4) \times 199 \times 34.1} = 233$$

ステップ1：水準間の差を求める

補助表より、行和を大きさの順に並べて、水準間の差を求めます。差を図で描くと下のようになります。

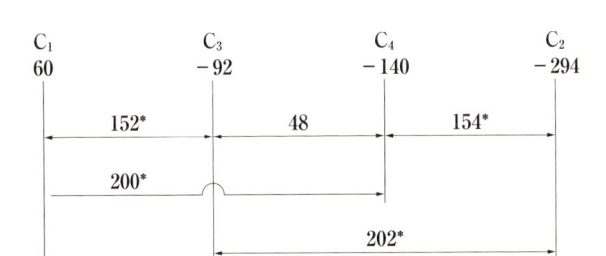

図4-1　水準の差

```
C₁         C₃          C₄          C₂
60        -92        -140        -294
    152*        48         154*
        200*
                   202*
            354**
```

ステップ2：判定

水準間の差を検定用の尺度と比べると、次のように判断されます。

①洗浄力が一番すぐれているのは、洗剤C_1である。
②洗剤C_2は洗浄力が一番劣っている。
③洗剤C_3とC_4とでは、どちらの洗浄力がよいとはいいきれない。
　しかし、C_1よりはやや劣っているが、C_2よりはやや優れている。

上と同じ要領で汚染布（A）による洗浄力の差の検定もしてみましょう。

①尺度

A_1 についてのデータも、A_2 についてのデータも、B_1 で4つ、B_2 で4つ、合計8つなので、A_1 と A_2 の合計は $8 + 8 = 16$ となります。

誤差の不偏分散も F 分布表の1と3の0.05と0.01も、洗剤（C）の場合と同じなので、検定用の尺度は次のように求めることができます。

$$検定用の尺度（5\%）= \sqrt{16 \times 199 \times 10.1} = 180$$

補助表より、

汚染布（A）の各水準のデータの和

$$(-64) + (-9) = -73$$
$$(-186) + (-207) = -393$$

を大きい順に並べて、その差を求めると、次のような図になります。

図4-2　水準間の差

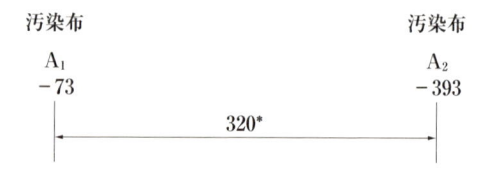

汚染布　　　　　　　　　　　　　　汚染布
A_1　　　　　　　　　　　　　　　A_2
-73　　　　　　　　　　　　　　-393
　　　　　　　　320*

水準間の差を検定用の尺度と比べて判断すると、動物性油脂で汚染したもの（A_1）は、鉱物油で汚染したもの（A_2）に比べて汚れが落ちやすいようです。

②信頼区間

尺度の次には信頼区間を決める必要があります。生じている差が信頼できるものなのかどうか、その幅（区間）はどれくらいなのかということです。平均値を使います。順番に見ていきましょう。

(1) まず値を元のデータのものに戻す

数値変換をしていたので、洗剤Cの各水準の平均値を求めて、元のデータに戻します。

$\{(各データ)-40\}\times 10$ という数値変換をしてここまでやってきました。この"元に戻す"という操作をしっかり覚えておきましょう。このままだと実際の数値の幅とは違うものが出てきてしまいます。数値変換を行ったときの逆の計算をすればよいですね。今は次の式で元に戻します。

$$\frac{(各平均値)}{10} + 40$$

補助表より、各洗剤の平均値は、次のようになります。

C_1の平均値：$\dfrac{60}{4} \times \dfrac{1}{10} + 40 = 41.5$

C_2の平均値：$\dfrac{-294}{4} \times \dfrac{1}{10} + 40 = 32.65$

C_3の平均値：$\dfrac{-92}{4} \times \dfrac{1}{10} + 40 = 37.7$

C_4の平均値：$\dfrac{-140}{4} \times \dfrac{1}{10} + 40 = 36.5$

(2) 誤差の標準偏差を求める

$$誤差の標準偏差 = \frac{\sqrt{誤差の不偏分散}}{小数点をなくすためにかけた数}$$

分散分析表より、誤差の不偏分散：199
小数点をなくすためにかけた数：10

これらを上の式に代入して、

$$誤差の標準偏差 = \frac{\sqrt{199}}{10} = 1.41$$

(3) 信頼区間の幅

$$信頼区間の幅（信頼度90\%） = 1.65 \times (誤差の標準偏差)$$
$$= 1.65 \times 1.41 = 2.33$$

各洗剤の信頼区間は次のようになることがわかります。

$C_1：41.5 - 2.33 \sim 41.5 + 2.33 \rightarrow 39.17 \sim 43.83$
$C_2：32.65 - 2.33 \sim 32.65 + 2.33 \rightarrow 30.32 \sim 34.98$
$C_3：37.7 - 2.33 \sim 37.7 + 2.33 \rightarrow 35.37 \sim 40.03$
$C_4：36.5 - 2.33 \sim 36.5 + 2.33 \rightarrow 34.17 \sim 38.83$

汚染布Aについても計算すると、次のようになります。

$$A_1：\frac{-73}{8} \times \frac{1}{10} + 40 - 2.33 \quad \sim \quad \frac{-73}{8} \times \frac{1}{10} + 40 + 2.33$$

$$A_2 : \frac{-393}{8} \times \frac{1}{10} + 40 - 2.33 \quad \sim \quad \frac{-393}{8} \times \frac{1}{10} + 40 + 2.33$$

これらを計算すると、下のようなグラフになります。

$$A_1 : 36.77 \sim 41.43$$
$$A_2 : 32.77 \sim 37.43$$

信頼区間をグラフにすると、次のようになります。

図4-3

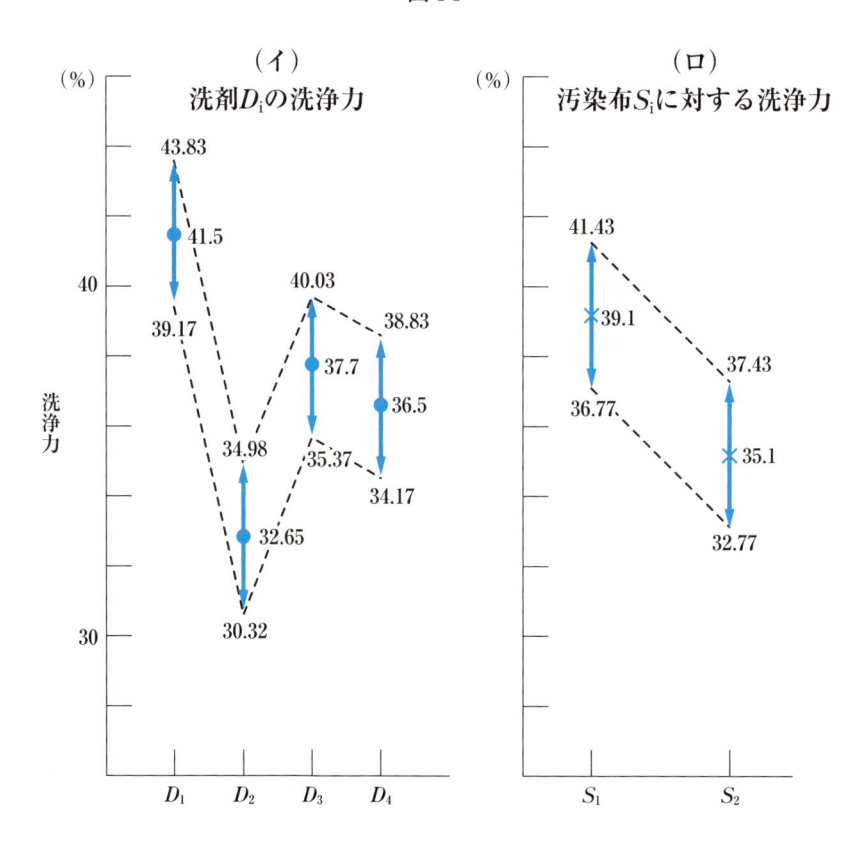

(イ) 洗剤D_iの洗浄力

(ロ) 汚染布S_iに対する洗浄力

4-3 実験データをマトリックスにする

　一元配置と二元配置のところで、行和と列和で因子を比較しました。その理由について疑問を持たれた方も多いのではないでしょうか。

　そこで、実験データがどんな成り立ちになっているかを説明しておきましょう。

> さあ、どうぞ！

　じゃあ、適当にでたらめな数を行と列に並べたものをさくっと作ってみようかね。

　たとえば、こんなのはどうかな。

表4-14　デタラメなデータの集まり

64	61	69	65
61	62	58	61
65	66	63	65
66	66	68	61
70	66	64	59

　50～70が多いのですが、何か意図していますか？

　なんでもいいんじゃ。たまたまじゃ。じゃあ、これを**マトリックス**にしてみよう。

4-3 実験データをマトリックスにする

マトリックスってなんですか。

表じゃなくて、カッコ書きみたいにするんじゃ。

$$\begin{pmatrix} 64 & 61 & 69 & 65 \\ 61 & 62 & 58 & 61 \\ 65 & 66 & 63 & 65 \\ 66 & 66 & 68 & 61 \\ 70 & 66 & 64 & 59 \end{pmatrix}$$

こっちのほうが楽なんですか？なんか効果がよくわかりませんが…。

まあ、とりあえず、進めてみよう。

3要因の効果を検証する ―三元配置の分散分析―

1) 上の表に示された20個の数字の総平均を計算します。

　　総平均 = 1280 ÷ (4 × 5) = 64

表4-15　データの行和と列和

					行和
	64	61	69	65	259
	61	62	58	61	242
	65	66	63	65	259
	66	66	68	61	261
	70	66	64	59	259
列和	326	321	322	311	1280

2) マトリックスの各要素から、総平均64を引いたマトリックスを作ります。

$$\begin{pmatrix} 0 & -3 & 5 & 1 \\ -3 & -2 & -6 & -3 \\ 1 & 2 & -1 & 1 \\ 2 & 2 & 4 & -3 \\ 6 & 2 & 0 & -5 \end{pmatrix}$$

3）このマトリックスについて、行平均と列平均を求めます。

表4-16　マトリックスの各平均

					行和	行平均
	0	−3	5	1	3	0.75
	−3	−2	−6	−3	−14	−3.5
	1	2	−1	1	3	0.75
	2	2	4	−3	5	1.25
	6	2	0	−5	3	0.75
列和	6	1	2	−9		
列平均	1.2	0.2	0.4	−1.8		

4）3）の表のマトリックスの各要素から、それぞれ該当した行平均と列平均を引きます。たとえば、1行1列の要素は0、1行の行平均は0.75、列平均は1.2なので、

$$0 - 0.75 - 1.2 = -1.95$$

1行2列の要素は−3で、1行の平均は0.75、2列の列平均は0.2なので、

$$-3 - 0.75 - 0.2 = -3.95$$

・・・

などとなって、次のようなマトリックスが得られます。

$$\begin{pmatrix} -1.95 & -3.95 & 3.85 & 2.05 \\ -0.7 & 1.3 & -2.9 & 2.3 \\ -0.95 & 1.05 & -2.15 & 2.05 \\ -0.45 & 0.55 & 2.35 & -2.45 \\ 4.05 & 1.05 & -1.15 & -3.95 \end{pmatrix}$$

　結局、1）のマトリックスは、次の4つのマトリックスに分解されたわけです。

① 平均値64を要素にもつ5行4列のマトリックス

$$\begin{pmatrix} 64 & 64 & 64 & 64 \\ 64 & 64 & 64 & 64 \\ 64 & 64 & 64 & 64 \\ 64 & 64 & 64 & 64 \\ 64 & 64 & 64 & 64 \end{pmatrix}$$

② 平均を各行の要素にもつ5行4列のマトリックス

$$\begin{pmatrix} 0.75 & 0.75 & 0.75 & 0.75 \\ -3.50 & -3.50 & -3.50 & -3.50 \\ 0.75 & 0.75 & 0.75 & 0.75 \\ 1.25 & 1.25 & 1.25 & 1.25 \\ 0.75 & 0.75 & 0.75 & 0.75 \end{pmatrix}$$

4-3 実験データをマトリックスにする

③ 平均を各列の要素にもつ5行4列のマトリックス

$$\begin{pmatrix} 1.2 & 0.2 & 0.4 & -1.8 \\ 1.2 & 0.2 & 0.4 & -1.8 \\ 1.2 & 0.2 & 0.4 & -1.8 \\ 1.2 & 0.2 & 0.4 & -1.8 \\ 1.2 & 0.2 & 0.4 & -1.8 \end{pmatrix}$$

④ 表の5行4列のマトリックス

$$\begin{pmatrix} -1.95 & -3.95 & 3.85 & 2.05 \\ -0.70 & 1.30 & -2.90 & 2.30 \\ -0.95 & 1.05 & -2.15 & 2.05 \\ -0.45 & 0.55 & 2.35 & -2.45 \\ 4.05 & 1.05 & -1.15 & -3.95 \end{pmatrix}$$

つまり、最初の表（デタラメなデータの集まり）の各要素は、それぞれの要素に該当した①～④というマトリックスの要素の和になっているということです。

たとえば、最初の表の1行1列の要素64については次のようになります。

①マトリックスの要素64に
②マトリックスの1行1列の要素0.75と
③マトリックスの1行1列の要素1.2と
④マトリックスの1行1列の要素−1.95とを加えたものである

したがって、式で書くとこうなります。

元のマトリックス＝総平均のマトリックス①＋行平均のマトリックス②
　　　　　　　　＋列平均のマトリックス③＋残りのマトリックス

実際に計算して試してみてくださいね。

> **ポイント**
>
> 上のようにして得られたマトリックスの各要素には、次のような大事な性質があります。
>
> - 行平均のマトリックスでは、各列のエレメントの和は0である。
> - 列平均のマトリックスでは、各行のエレメントの和は0である。
> - 残りのマトリックスでは、各行の和も各列の和も、ともに0である。

Column

要素が多くなったら便利な記号

　表やマトリックスを使って、"要素の数がもっと膨大になったらどう書くんだろう？"と思ったことはないですか。実際の実験では、もっと莫大な数のデータを扱うことがほとんどです。それこそ、行や列の数が数十、数百…でしょう。そういったとき、その都度要素を99行21列の…などと書いていては効率がよくありません。そこで役立つのがここで紹介する記号です。統計を学ぶ上では知っておくと便利です。

（1）総平均のマトリックス①の要素はみな等しいから、これをmと書く。
（2）行平均のマトリックス②では、同じ行の要素はみな等しいから、これをa_iのように行を表す添え字だけを付けて書く。
（3）列平均のマトリックス③では、同じ列の要素はみな等しいから、これをb_jのように列を表す添え字だけを付けて書く。
（4）残りのマトリックス④の要素はe_{ij}というように、行を表す添え字を左側に、列を表す添え字をその右側に付けて書く。

　このときマトリックスのi行、j列の要素x_{ij}は、次で表されます。また、150ページのポイント3つをΣ（シグマ）で表すと各々次のようになります。

$$x_{ij} = m + a_i + b_j + e_{ij}$$

- $\Sigma a_i = 0$
- $\Sigma b_j = 0$
- $\Sigma e_{ij} = \Sigma e_{ji} = 0$

3 要因の効果を検証する ―三元配置の分散分析―

付表1　正規分布表

0からZ（標準偏差を単位として）までに含まれる正規分布の面積 $I(Z)$

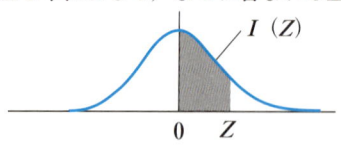

Z	0.00	0.01	0.02	0.03	0.04	0.05	0.06	0.07	0.08	0.09
+0.0	0.0000	0.0040	0.0080	0.0120	0.0160	0.0199	0.0239	0.0279	0.0319	0.0359
+0.1	0.0398	0.0438	0.0478	0.0517	0.0557	0.0596	0.0636	0.0675	0.0714	0.0753
+0.2	0.0793	0.0832	0.0871	0.0910	0.0948	0.0987	0.1026	0.1064	0.1103	0.1141
+0.3	0.1179	0.1217	0.1255	0.1293	0.1331	0.1368	0.1406	0.1443	0.1480	0.1517
+0.4	0.1554	0.1591	0.1628	0.1664	0.1700	0.1736	0.1772	0.1808	0.1844	0.1879
+0.5	0.1915	0.1950	0.1985	0.2019	0.2054	0.2088	0.2123	0.2157	0.2190	0.2224
+0.6	0.2257	0.2291	0.2324	0.2357	0.2389	0.2422	0.2454	0.2486	0.2517	0.2549
+0.7	0.2580	0.2611	0.2642	0.2673	0.2704	0.2734	0.2764	0.2794	0.2823	0.2852
+0.8	0.2881	0.2910	0.2939	0.3967	0.2995	0.3023	0.3051	0.3079	0.3106	0.3133
+0.9	0.3159	0.3186	0.3212	0.3238	0.3264	0.3289	0.3315	0.3340	0.3365	0.3389
+1.0	0.3413	0.3438	0.3461	0.3485	0.3508	0.3531	0.3554	0.3577	0.3599	0.3621
+1.1	0.3643	0.3665	0.3686	0.3708	0.3729	0.3749	0.3770	0.3790	0.3810	0.3830
+1.2	0.3849	0.3869	0.3888	0.3907	0.3925	0.3944	0.3962	0.3980	0.3997	0.4015
+1.3	0.4032	0.4049	0.4066	0.4082	0.4099	0.4115	0.4131	0.4147	0.4162	0.4177
+1.4	0.4192	0.4207	0.4222	0.4236	0.4251	0.4265	0.4279	0.4292	0.4306	0.4319
+1.5	0.4332	0.4345	0.4357	0.4370	0.4382	0.4394	0.4406	0.4418	0.4429	0.4441
+1.6	0.4452	0.4463	0.4474	0.4484	0.4495	0.4505	0.4515	0.4525	0.4535	0.4545
+1.7	0.4554	0.4564	0.4573	0.4582	0.4591	0.4599	0.4608	0.4616	0.4625	0.4633
+1.8	0.4641	0.4649	0.4656	0.4664	0.4671	0.4678	0.4686	0.4693	0.4699	0.4706
+1.9	0.4713	0.4719	0.4726	0.4732	0.4738	0.4744	0.4750	0.4756	0.4761	0.4767
+2.0	0.4773	0.4778	0.4783	0.4788	0.4793	0.4798	0.4803	0.4808	0.4812	0.4817
+2.1	0.4821	0.4826	0.4830	0.4834	0.4838	0.4842	0.4846	0.4850	0.4854	0.4857
+2.2	0.4861	0.4864	0.4868	0.4871	0.4875	0.4878	0.4881	0.4884	0.4887	0.4890
+2.3	0.4893	0.4896	0.4898	0.1901	0.4904	0.4906	0.4909	0.4911	0.4913	0.4916
+2.4	0.4918	0.4920	0.4922	0.4925	0.4927	0.4929	0.4931	0.4932	0.4934	0.4936
+2.5	0.4938	0.4940	0.4941	0.4943	0.4945	0.4946	0.4948	0.4949	0.4951	0.4952
+2.6	0.4953	0.4955	0.4956	0.4957	0.4959	0.4960	0.4961	0.4962	0.4963	0.4964
+2.7	0.4965	0.4966	0.4967	0.4968	0.4969	0.4970	0.4971	0.4972	0.4973	0.4974
+2.8	0.4974	0.4975	0.4976	0.4977	0.4977	0.4978	0.4979	0.4979	0.4980	0.4981
+2.9	0.4981	0.4982	0.4983	0.4983	0.4984	0.4984	0.4985	0.4985	0.4986	0.4986
+3.0	0.49865	0.49869	0.49874	0.49878	0.49882	0.49886	0.49889	0.49893	0.49896	0.49900

正規分布の値

Z	着色部の面積
0.0	0.0000
0.5	0.1915
1.0	0.3413
1.5	0.4332
2.0	0.4773
2.5	0.4938
3.0	0.49865
∞	0.50000

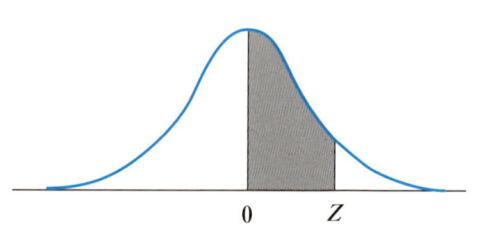

付表2　カイ2乗分布表

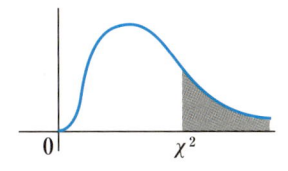

自由度 v	$p=0.99$	0.98	0.95	0.90	0.20	0.10	0.05	0.02	0.01
1	0.000157	0.000628	0.00393	0.0158	1.642	2.706	3.841	5.412	6.635
2	0.0201	0.0404	0.103	0.211	3.219	4.605	5.991	7.824	9.210
3	0.115	0.185	0.352	0.584	4.642	6.251	7.815	9.837	11.341
4	0.297	0.429	0.711	1.064	5.989	7.779	9.488	11.668	13.277
5	0.554	0.752	1.145	1.610	7.289	9.236	11.070	13.388	15.086
6	0.872	1.134	1.635	2.204	8.558	10.645	12.592	15.033	16.812
7	1.239	1.564	2.167	2.833	9.803	12.017	14.067	16.622	18.475
8	1.646	2.032	2.733	3.490	11.030	13.362	15.507	18.168	20.090
9	2.088	2.532	3.325	4.168	12.242	14.684	16.919	19.679	21.666
10	2.558	3.059	3.940	4.865	13.442	15.987	18.307	21.161	23.209
11	3.053	3.609	4.575	5.578	14.631	17.275	19.675	22.618	24.725
12	3.571	4.178	5.226	6.304	15.812	18.549	21.026	24.054	26.217
13	4.107	4.765	5.892	7.042	16.985	19.812	22.362	25.472	27.688
14	4.660	5.368	6.571	7.790	18.151	21.064	23.685	26.873	29.141
15	5.229	5.985	7.261	8.547	19.311	22.307	24.996	28.259	30.578
16	5.812	6.614	7.962	9.312	20.465	23.542	26.296	29.633	32.000
17	6.408	7.255	8.672	10.085	21.615	24.769	27.587	30.995	33.409
18	7.015	7.906	9.390	10.865	22.760	25.989	28.869	32.346	34.805
19	7.633	8.567	10.117	11.651	23.900	27.204	30.144	33.687	36.191
20	8.260	9.237	10.851	12.443	25.038	28.412	31.410	35.020	37.566
21	8.897	9.915	11.591	13.240	26.171	29.615	32.671	36.343	38.932
22	9.542	10.600	12.338	14.041	27.301	30.813	33.924	37.659	40.289
23	10.196	11.293	13.091	14.848	28.429	32.007	35.172	38.968	41.638
24	10.856	11.992	13.848	15.659	29.553	33.196	36.415	40.270	42.980
25	11.524	12.697	14.611	16.473	30.675	34.382	37.652	41.566	44.314
26	12.198	13.409	15.739	17.292	31.795	35.563	38.885	42.856	45.642
27	12.879	14.125	16.151	18.114	32.912	36.741	40.113	44.140	46.963
28	13.565	14.847	16.928	18.939	34.027	37.916	41.337	45.419	48.278
29	14.256	15.574	17.708	19.768	35.139	39.087	42.557	49.693	49.588
30	14.953	16.306	18.493	20.599	36.250	40.256	43.773	47.962	50.892

付表3　F分布表（上側確率0.05）

ϕ_2 \ ϕ_1	1	2	3	4	5	6	7	8	9	10	12	15	20	30	40	60
1	161.	200.	216.	225.	230.	234.	237.	239.	241.	242.	244.	246.	248.	250.	251.	252.
2	18.5	19.0	19.2	19.2	19.3	19.3	19.4	19.4	19.4	19.4	19.4	19.4	19.4	19.5	19.5	19.5
3	10.1	9.55	9.28	9.12	9.01	8.94	8.89	8.85	8.81	8.79	8.74	8.70	8.66	8.62	8.59	8.57
4	7.71	6.94	6.59	6.39	6.26	6.16	6.09	6.04	6.00	5.96	5.91	5.86	5.80	5.75	5.72	5.69
5	6.61	5.79	5.41	5.19	5.05	4.95	4.88	4.82	4.77	4.74	4.68	4.62	4.56	4.50	4.46	4.43
6	5.99	5.14	4.76	4.53	4.39	4.28	4.21	4.15	4.10	4.06	4.00	3.94	3.87	3.81	3.77	3.74
7	5.59	4.74	4.35	4.12	3.97	3.87	3.79	3.73	3.68	3.64	3.57	3.51	3.44	3.38	3.34	3.30
8	5.32	4.46	4.07	3.84	3.69	3.58	3.50	3.44	3.39	3.35	3.28	3.22	3.15	3.08	3.04	3.01
9	5.12	4.26	3.86	3.63	3.48	3.37	3.29	3.23	3.18	3.14	3.07	3.01	2.94	2.86	2.83	2.79
10	4.96	4.10	3.71	3.48	3.33	3.22	3.14	3.07	3.02	2.98	2.91	2.84	2.77	2.70	2.66	2.62
11	4.84	3.98	3.59	3.36	3.20	3.09	3.01	2.95	2.90	2.85	2.79	2.72	2.65	2.57	2.53	2.49
12	4.75	3.89	3.49	3.26	3.11	3.00	2.91	2.85	2.80	2.75	2.69	2.62	2.54	2.47	2.43	2.38
13	4.67	3.81	3.41	3.18	3.03	2.92	2.83	2.77	2.71	2.67	2.60	2.53	2.46	2.38	2.34	2.30
14	4.60	3.74	3.34	3.11	2.96	2.85	2.76	2.70	2.65	2.60	2.53	2.46	2.39	2.31	2.27	2.22
15	4.54	3.68	3.29	3.06	2.90	2.79	2.71	2.64	2.59	2.54	2.48	2.40	2.33	2.25	2.20	2.16
16	4.49	3.63	3.24	3.01	2.85	2.74	2.66	2.59	2.54	2.49	2.42	2.35	2.28	2.19	2.15	2.11
17	4.45	3.59	3.20	2.96	2.81	2.70	2.61	2.55	2.49	2.45	2.38	2.31	2.23	2.15	2.10	2.06
18	4.41	3.55	3.16	2.93	2.77	2.66	2.58	2.51	2.46	2.41	2.34	2.27	2.19	2.11	2.06	2.02
19	4.38	3.52	3.13	2.90	2.74	2.63	2.54	2.48	2.42	2.38	2.31	2.23	2.16	2.07	2.03	1.98
20	4.35	3.49	3.10	2.87	2.71	2.60	2.51	2.45	2.39	2.35	2.28	2.20	2.12	2.04	1.99	1.95
21	4.32	3.47	3.07	2.84	2.68	2.57	2.49	2.42	2.37	2.32	2.25	2.18	2.10	2.01	1.96	1.92
22	4.30	3.44	3.05	2.82	2.66	2.55	2.46	2.40	2.34	2.30	2.23	2.15	2.07	1.98	1.94	1.89
23	4.28	3.42	3.03	2.80	2.64	2.53	2.44	2.37	2.32	2.27	2.20	2.13	2.05	1.96	1.91	1.86
24	4.26	3.40	3.01	2.78	2.62	2.51	2.42	2.36	2.30	2.25	2.18	2.11	2.03	1.94	1.89	1.84
25	4.24	3.39	2.99	2.76	2.60	2.49	2.40	2.34	2.28	2.24	2.16	2.09	2.01	1.92	1.87	1.82
26	4.23	3.37	2.98	2.74	2.59	2.47	2.39	2.32	2.27	2.22	2.15	2.07	1.99	1.90	1.85	1.80
27	4.21	3.35	2.96	2.73	2.57	2.46	2.37	2.31	2.25	2.20	2.13	2.06	1.97	1.88	1.84	1.79
28	4.20	3.34	2.95	2.71	2.56	2.45	2.36	2.29	2.24	2.19	2.12	2.04	1.96	1.87	1.82	1.77
29	4.18	3.33	2.93	2.70	2.55	2.43	2.35	2.28	2.22	2.18	2.10	2.03	1.94	1.85	1.81	1.75
30	4.17	3.32	2.92	2.69	2.53	2.42	2.33	2.27	2.21	2.16	2.09	2.01	1.93	1.84	1.79	1.74